JavaScript+jQuery Web 交互程序设计

李 妍 柴俊霞 主 编
李 毅 周 波 副主编

清华大学出版社
北 京

内容简介

本书根据JavaScript+jQuery动态网页设计与制作操作规程结合具体应用,系统地介绍了JavaScript基础,JavaScript编辑工具,JavaScript、CSS、DOM、AJAX、jQuery等关键技术以及jQuery插件等内容。

本书知识点覆盖全面,案例丰富,实用性强,注重实践技能与应用能力的培养。全书主要通过案例来强化学生实践能力,以加强应用技能为培养目标,既可作为应用型大学本科计算机专业及电子商务等相关专业的教材,也可以作为高职高专院校计算机课程的教学用书;同时也可以作为企事业网络从业者的培训教材。本书可为中小企业网站开发管理与维护人员提供有益的学习指导。

本书封面贴有清华大学出版社防伪标签,无标签者不得销售。
版权所有,侵权必究。举报:010-62782989,beiqinquan@tup.tsinghua.edu.cn。

图书在版编目(CIP)数据

JavaScript+jQuery Web交互程序设计/李妍,柴俊霞主编.—北京:清华大学出版社,2018(2023.10重印)
ISBN 978-7-302-49242-9

Ⅰ.①J… Ⅱ.①李… ②柴… Ⅲ.①JAVA语言—网页制作工具 Ⅳ.①TP312 ②TP393.092

中国版本图书馆CIP数据核字(2018)第003350号

责任编辑:田 梅
封面设计:常雪影
责任校对:李 梅
责任印制:刘海龙

出版发行:清华大学出版社
网　　址:http://www.tup.com.cn, http://www.wqbook.com
地　　址:北京清华大学学研大厦A座　　邮　编:100084
社 总 机:010-83470000　　邮　购:010-62786544
投稿与读者服务:010-62776969, c-service@tup.tsinghua.edu.cn
质量反馈:010-62772015, zhiliang@tup.tsinghua.edu.cn
课件下载:http://www.tup.com.cn, 010-62770175-4278

印 装 者:三河市龙大印装有限公司
经　　销:全国新华书店
开　　本:185mm×260mm　　印　张:14.75　　字　数:355千字
版　　次:2018年4月第1版　　印　次:2023年10月第7次印刷
定　　价:42.00元

产品编号:077756-02

编委会

主　任：牟惟仲

副主任：林　征　冀俊杰　张昌连　吕一中　梁　露　鲁彦娟
　　　　张建国　王　松　车亚军　王黎明　田小梅　李大军

编　委：赵立群　孙　岩　刘靖宇　刘晓晓　刘志丽　邵晶波
　　　　吕广革　吴　霞　李　妍　付　芳　于洪霞　尚冠宇
　　　　张志才　郭　峰　张媛媛　王　耀　高　虎　关　忠
　　　　唐宏维　柴俊霞　翟　然　金　颖　赵　玮　李　毅
　　　　张劲珊　周　波　闫秋冬　潘武敏　赵玲玲　武　静
　　　　都日娜　刘　健　董德宝　韩金吉　董晓霞　胡晨硕

秘　书：李大军

副总编：梁　露　孙　岩　刘靖宇　刘晓晓　赵立群　于洪霞

前言

　　一个标准的网页由结构、表现、行为三部分组成。它对应的标准语言分别是结构化标准语言、表现标准语言和行为标准语言。JavaScript 主要负责页面中元素的行为,是目前运用最广泛的行为标准语言。它可以让页面更加实用、友好,并且丰富多彩。

　　随着网络技术的不断进步以及 AJAX 运用的不断拓展,其核心技术 JavaScript 越来越受到人们的关注。JavaScript 不仅可用来开发交互式的 Web 页面,还可将 HTML、XML 和 Java Applet、Flash 等 Web 对象有机地结合起来,快速生成 Internet 上使用的分布式应用程序。随着各种针对 JavaScript 的框架不断推出,jQuery 作为 JavaScript 框架的优秀代表,可以使开发者轻松实现以往需要大量 JavaScript 开发才能完成的功效,并且对于 CSS、DOM、AJAX 等各种标准 Web 技术,jQuery 都提供了许多实用简便的方法。同时也很好地解决了浏览器之间的兼容性,为开发者省去了很多繁琐的代码编写过程。

　　本书具有以下特色和价值。
　　(1) 项目驱动,案例教学,采用模块化进行整合,面向岗位,突出技能培养。
　　(2) 本教材在教学实施中,要求运用先进的教学手段。
　　(3) 完善学生的知识结构,培养复合型人才,提升学生就业竞争力。
　　(4) 打破传统学科体系框架,提供了方便老师、学生能够便捷查询、浏览案例的二维码资源包。

　　本书二维码资源包分两种,第 1 种为每章案例的源码及可运行网页,可通过扫描每个案例的二维码打开;第 2 种为整章的综合案例源码及可运行网页,可通过扫描该章"课后练习"前的二维码打开。

　　"JavaScript+jQuery 动态网页设计与制作"是计算机应用专业非常重要的专业核心课程,也是 IT 从业者所必须具备的关键技能。本书融入了 JavaScript+jQuery 动态网页设计与制作最新的实践教学理念,力求严谨,注重与时俱进,具有知识系统、案例丰富、流程清晰、实用性强、注重实践技能与能力培养的特点。

　　本书作为应用型大学计算机专业的特色教材,坚持科学发展观,严格按照教育部关于"加强职业教育、突出实践能力培养"的教学改革精神,针对该课程教学的特殊要求和职业能力培养目标,既注重理论知识讲解,又突出操作技能训练;这将有助于学生尽快掌握应知应会专业技能,对于学生毕业后顺利走上社会就业具有特殊意义。

　　本教材由李大军统筹策划并具体组织;李妍和柴俊霞为主编;李妍统改稿;李毅、周波为副主编;由曹记东教授审订。作者编写分工:李妍编写第 1 章、第 4 章、第 5 章,胡晨硕编写第 2 章、第 6 章,柴俊霞编写第 3 章、第 8 章,李毅编写第 7 章、第 11 章,周波编写第 9 章、第 10 章,高虎编写第 12 章,关忠整理案例代码,华燕萍对文字进行修改和版式调整,李晓新制作教学课件。

在教材编写过程中，参阅了大量国内外有关JavaScript+jQuery动态网页设计与制作的最新书刊、网站资料，精选具有典型意义的案例，并得到计算机行业协会及业界专家教授的具体指导，在此一并致谢。为配合教学，本书提供了配套的电子课件，读者可以从清华大学出版社网站（www.tup.com.cn）免费下载使用。因作者水平有限，书中难免存在疏漏和不足，恳请同行和读者批评指正。

编　者

2018年1月

目录

第 1 章 JavaScript 概述 ·················· 1
1.1 JavaScript 简介 ·················· 1
1.2 JavaScript 的编辑工具 ·················· 2
1.3 JavaScript 的嵌入 ·················· 4
1.4 上机练习 ·················· 6

第 2 章 JavaScript 基础 ·················· 8
2.1 JavaScript 的语法规则 ·················· 8
2.2 数据类型 ·················· 10
2.3 运算符和表达式 ·················· 11
2.4 上机练习 ·················· 13
2.5 流程控制 ·················· 16
    2.5.1 选择结构 ·················· 16
    2.5.2 循环结构 ·················· 21
2.6 函数 ·················· 23
    2.6.1 函数的定义和调用 ·················· 24
    2.6.2 带有返回值的函数 ·················· 25
    2.6.3 变量的作用域 ·················· 26

第 3 章 应用 CSS ·················· 28
3.1 CSS 概述 ·················· 28
    3.1.1 CSS 的优点 ·················· 28
    3.1.2 如何编辑 CSS ·················· 29
3.2 CSS 选择器 ·················· 30
    3.2.1 CSS 基本语法 ·················· 30
    3.2.2 标签选择器 ·················· 31
    3.2.3 类选择器 ·················· 31
    3.2.4 ID 选择器 ·················· 32
    3.2.5 其他选择器 ·················· 33
3.3 CSS 的使用方法 ·················· 37
    3.3.1 行内样式 ·················· 37

3.3.2　内嵌式 …… 38
　　　3.3.3　链接式 …… 39
　　　3.3.4　导入样式 …… 40
　　　3.3.5　用脚本来运用 CSS 样式 …… 42
　3.4　CSS 应用 …… 43
　　　3.4.1　长度单位和颜色单位 …… 43
　　　3.4.2　CSS 设置字体 …… 44
　　　3.4.3　CSS 设置文本 …… 47
　　　3.4.4　CSS 设置图像 …… 51
　　　3.4.5　CSS 设置背景 …… 52
　　　3.4.6　CSS 设置超链接 …… 56
　　　3.4.7　CSS 设置鼠标特效 …… 57
　　　3.4.8　CSS 制作实用菜单 …… 58

第 4 章　DOM 模型 …… 62

　4.1　DOM 简介 …… 62
　4.2　DOM 编程基础 …… 63
　4.3　DOM 节点操作 …… 66
　　　4.3.1　获取 DOM 中的元素 …… 66
　　　4.3.2　节点的常用属性和方法 …… 70
　　　4.3.3　检测节点类型 …… 71
　　　4.3.4　利用父子兄关系查找节点 …… 71
　　　4.3.5　设置节点属性 …… 76
　　　4.3.6　创建和添加节点 …… 77
　　　4.3.7　删除节点 …… 79
　　　4.3.8　替换节点 …… 80
　　　4.3.9　在特定节点前插入节点 …… 81
　　　4.3.10　在特定节点后插入节点 …… 82
　4.4　使用非标准 DOM innerHTML 属性 …… 84
　4.5　DOM 与 CSS …… 85
　　　4.5.1　三位一体的页面 …… 85
　　　4.5.2　使用 className 属性 …… 86

第 5 章　JavaScript 中的对象 …… 88

　5.1　对象的基本概念 …… 88
　5.2　内置对象 …… 89
　　　5.2.1　字符串对象 …… 89
　　　5.2.2　数字对象 …… 91
　　　5.2.3　算数对象 …… 93

	5.2.4	日期对象 ··················	95
	5.2.5	数组对象 ··················	97
	5.2.6	浏览器对象 ················	99
	5.2.7	文档对象 ··················	100
	5.2.8	窗口对象 ··················	103

第 6 章　JavaScript 中的事件与事件处理 ·················· 106

6.1 事件及事件处理程序 ·················· 106
6.2 JavaScript 的常用事件 ·················· 107
  6.2.1 键盘事件 ·················· 107
  6.2.2 鼠标事件 ·················· 108
  6.2.3 onload 事件和 onunload 事件 ·················· 110
  6.2.4 表单事件 ·················· 112

第 7 章　JavaScript 网页特效 ·················· 114

7.1 文字特效 ·················· 114
  7.1.1 跑马灯效果 ·················· 114
  7.1.2 打字效果 ·················· 115
  7.1.3 文字大小变化效果 ·················· 117
7.2 图片特效 ·················· 118
  7.2.1 改变页面中图片的位置 ·················· 118
  7.2.2 鼠标拖动滑块改变图片大小 ·················· 119
  7.2.3 不断闪烁的图片 ·················· 122
7.3 时间和日期特效 ·················· 123
  7.3.1 标题栏显示分时问候语 ·················· 123
  7.3.2 显示当前系统时间 ·················· 124
  7.3.3 星期查询功能 ·················· 124
7.4 鼠标特效 ·················· 125
  7.4.1 屏蔽鼠标右键 ·················· 125
  7.4.2 获取鼠标位置坐标 ·················· 125
  7.4.3 移动改变鼠标外观 ·················· 126
7.5 菜单特效 ·················· 128
  7.5.1 左键弹出菜单 ·················· 128
  7.5.2 下拉菜单 ·················· 129
  7.5.3 滚动菜单 ·················· 131
7.6 表单特效 ·················· 136
  7.6.1 控制用户输入字符个数 ·················· 136
  7.6.2 设置单选按钮 ·················· 138
  7.6.3 设置复选框 ·················· 139

7.6.4 设置下拉菜单……………………………………………………………………141

第8章 jQuery 基础……………………………………………………………………143

8.1 jQuery 概述……………………………………………………………………143
8.1.1 jQuery 简介……………………………………………………………143
8.1.2 jQuery 的功能…………………………………………………………151
8.1.3 jQuery 的特点…………………………………………………………152
8.1.4 下载并使用 jQuery……………………………………………………152
8.2 jQuery 的"$"……………………………………………………………………153
8.2.1 选择器……………………………………………………………………153
8.2.2 功能函数前缀……………………………………………………………155
8.2.3 解决 window.onload 函数的冲突……………………………………155
8.2.4 创建 DOM 元素…………………………………………………………156
8.2.5 自定义添加"$"………………………………………………………157
8.2.6 解决"$"的冲突………………………………………………………157
8.3 jQuery 对象与 DOM 对象……………………………………………………157
8.4 案例——我的第一个 jQuery 程序……………………………………………159

第9章 jQuery 选择器……………………………………………………………………161

9.1 jQuery 选择器简介……………………………………………………………161
9.2 jQuery 选择器的分类…………………………………………………………161
9.3 jQuery 中元素属性的操作……………………………………………………163
9.3.1 设置元素属性……………………………………………………………164
9.3.2 删除元素属性……………………………………………………………165
9.4 jQuery 中样式类的操作………………………………………………………165
9.4.1 添加样式类………………………………………………………………165
9.4.2 移除样式类………………………………………………………………167
9.4.3 交替样式类………………………………………………………………168
9.5 jQuery 中样式属性的操作……………………………………………………169
9.5.1 读取样式属性……………………………………………………………169
9.5.2 设置样式属性……………………………………………………………170
9.5.3 设置元素偏移……………………………………………………………171
9.6 jQuery 中元素内容的操作……………………………………………………171
9.6.1 操作 HTML 代码…………………………………………………………172
9.6.2 操作文本…………………………………………………………………172
9.6.3 操作表单元素的值………………………………………………………173
9.7 筛选与查找元素集中的元素…………………………………………………175

第10章　使用 jQuery 制作动画与特效 … 185

10.1 显示与隐藏效果 … 185
10.1.1 隐藏元素的 hide() 方法 … 185
10.1.2 显示元素的 show() 方法 … 186
10.1.3 交替显示隐藏元素 … 188

10.2 滑动效果 … 191
10.2.1 向上收缩效果 … 191
10.2.2 向下展开效果 … 192
10.2.3 交替伸缩效果 … 193

10.3 淡入淡出效果 … 194
10.3.1 淡入效果 … 195
10.3.2 淡出效果 … 195
10.3.3 交替淡入淡出效果 … 196
10.3.4 不透明效果 … 197

10.4 自定义动画效果 … 197
10.4.1 自定义动画 … 197
10.4.2 动画队列 … 198
10.4.3 动画停止和延时 … 199

第11章　jQuery 与 AJAX … 203

11.1 AJAX 简介 … 203
11.1.1 AJAX 概述 … 203
11.1.2 AJAX 原理和 XmlHttpRequest 对象 … 203
11.1.3 jQuery AJAX 操作函数 … 205

11.2 jQuery 中的 AJAX 方法 … 206
11.2.1 load() 方法 … 206
11.2.2 $.get() 方法和 $.post() 方法 … 208
11.2.3 $.getScript() 方法和 $.getJSON() 方法 … 210
11.2.4 $.ajax() 方法 … 210

11.3 jQuery 中的 AJAX 事件 … 211

第12章　jQuery 插件的开发与使用 … 214

12.1 jQuery 插件 … 214
12.2 常用 jQuery 插件 … 215
12.3 开发自己的插件 … 220

参考文献 … 224

第1章

JavaScript概述

学习目标

了解 JavaScript 的概念及功能。

掌握 JavaScript 编辑方法。

1.1　JavaScript 简介

JavaScript 是一种直译式脚本语言（脚本语言是一种简单的程序，这些程序由一些 ASCII 字符构成，可以使用任何一种文本编译器来编写），以网页为基础，基于对象和事件驱动，主要对网页进行修饰，并可以与服务器端程序进行通信。它的解释器被称为 JavaScript 引擎，为浏览器的一部分，广泛用于客户端的脚本语言。常用来为网页添加各式各样的动态功能，为用户提供更流畅美观的浏览效果。

1. JavaScript 语言简史

JavaScript 最初由 Netscape 的 Brendan Eich 设计。JavaScript 是甲骨文公司的注册商标。发展初期，JavaScript 的标准并未确定，同期有 Netscape 的 JavaScript，微软的 JScript 和 CEnvi 的 ScriptEase 三足鼎立。1997 年，在 ECMA（欧洲计算机制造商协会）的协调下，由 Netscape、Sun、微软、Borland 组成的工作组确定统一标准：ECMA-262。最终 JavaScript 的正式名称确定为"ECMA Script"，由 ECMA 组织发展和维护。

2. JavaScript 的特点

JavaScript 脚本语言具有以下特点。

（1）脚本语言。JavaScript 是一种解释型的脚本语言，是在程序的运行过程中逐行进行解释运行的。

（2）基于对象和事件驱动。JavaScript 是一种基于对象的脚本语言，它不仅可以创建对象，也能使用现有的对象。

（3）简单。JavaScript 语言中采用的是弱类型的变量类型，对使用的数据类型未做出严格的要求，是基于 Java 基本语句和控制的脚本语言，其设计简单紧凑。

（4）动态性。JavaScript 是一种采用事件驱动的脚本语言，它不需要经过 Web 服务器就可以对用户的输入做出响应。在访问一个网页时，鼠标在网页中进行单击或上下移、窗口移动等操作，JavaScript 都可直接对这些事件给出相应的响应。

（5）跨平台性。JavaScript 脚本语言不依赖于操作系统，仅需要浏览器的支持。因此，一个 JavaScript 脚本在编写后可以带到任意机器上使用，前提是机器上的浏览器支持 JavaScript 脚本语言，目前 JavaScript 已被大多数的浏览器所支持。

3. JavaScript 的应用

JavaScript 虽然是一种脚本语言，但其功能十分强大，主要有以下几种应用。

（1）网页特效：使用 JavaScript 可以创建很多网页特效，如鼠标特效、键盘特效等。

（2）表单验证：使用 JavaScript 可以方便地验证用户输入内容的合法性，并给予提示。

（3）网页互动：使用 JavaScript 可以对用户的不同事件产生不同的响应。

（4）增加安全性：使用 JavaScript 设置验证码防止恶意注册和恶意发布信息。

（5）制作游戏：使用 JavaScript 可以制作一些小游戏以及大型游戏。

（6）其他：还可以利用 Cookies 存储用户信息，减少用户登录操作。可以减少编写和维护代码工作量等。还有很多功能等待用户自己探索。

1.2 JavaScript 的编辑工具

JavaScript 是嵌入在 HTML 中的代码段，因此只要是能编辑 HTML 的编辑器都可以编辑 JavaScript。

1. 纯文本编辑器

纯文本编辑器是最简单的文本编辑器，例如记事本。一般纯文本的编辑器都需要用户手动编写相关代码，这需要用户对 JavaScript 的语法和对象等使用比较熟悉，适合临时打开查看，进行简单的局部修改。

在文本编辑工具中输入 JavaScript 代码并保存，然后在支持 JavaScript 运行的浏览器上打开可以看到效果。

例 1-1 将下面的代码输入记事本中并保存为 1-1.html。

扫一扫

```
<html><head>
<title>例 1-1</title>
<script language="javascript">
  document.write("记事本编辑 JavaScript!");
</script>
</head>
<body>
这是一个 JavaScript 示例。
</body></html>
```

JavaScript 是一种解释性语言，也就是说，其代码的执行不需要预先进行编译，直接在浏览器中运行就可以显示，其显示效果如图 1-1 所示。

JavaScript 的语句书写类似 Java 或 C 语言，语法规则也很相似，通常要在每行语句的结尾处加上一个分号，但根据 JavaScript 标准分号是可选的，浏览器也可以把行末作为语句的结尾，但需要注意，如果在一行上写下多条语句，每条语句的结尾处必须使用分号。

图 1-1 在浏览器中运行的效果

2. Adobe Dreamweaver

Adobe Dreamweaver,简称"DW",中文名称为"梦想编织者",是美国 Macromedia 公司开发的集网页制作和网站管理于一身的所见即所得网页编辑器,DW 是第一套针对专业网页设计师特别发展的视觉化网页开发工具,利用它可以轻而易举地制作出跨越平台限制和跨越浏览器限制的充满动感的网页。在手动编辑 JavaScript 方面,DW 提供代码提示,方便用户进行代码编辑工作。

例 1-2 启动 DW,在代码视图中将下面的代码输入并保存为 1-2.html。

扫一扫

```
<html>
<head>
<meta http-equiv="Content-Type" content="text/html; charset=utf-8" />
<title>例1-2</title>
</head>
<body>
<script language="javascript">
   alert("提示信息!");
</script>
</body>
</html>
```

编辑状态和显示效果如图 1-2(a) 和图 1-2(b) 所示。

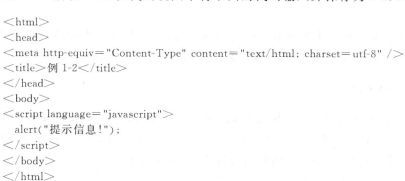 

(a) 编辑状态　　　　　　　　　　　　(b) 显示效果

图 1-2 编辑状态和显示效果

3. 其他常用编辑工具

目前使用比较多的 JavaScript 编辑工具还有 Sublime Text 和 WebStorm。

Sublime Text 是一个代码编辑器，由程序员 Jon Skinner 于 2008 年 1 月开发出来，它最初被设计为一个具有丰富扩展功能的 Vim。Sublime Text 具有漂亮的用户界面和强大的功能，例如代码缩略图、Python 的插件、代码段等。还可自定义键绑定、菜单和工具栏。Sublime Text 的主要功能包括拼写检查，书签，完整的 Python API，Goto 功能，即时项目切换，多选择，多窗口等。Sublime Text 是一个跨平台的编辑器，同时支持 Windows、Linux、Mac OS X 等操作系统。

WebStorm 是 JetBrains 公司旗下一款 JavaScript 开发工具。被广大中国 JavaScript 开发者誉为"Web 前端开发神器""最强大的 HTML5 编辑器""最智能的 JavaScript IDE"等。与 IntelliJ IDEA 同源，继承了 IntelliJ IDEA 强大的 JavaScript 部分的功能。

其他编辑工具还有 Spket、Ixedit、Komodo Edit、EpicEditor，用户可以尝试使用。

1.3 JavaScript 的嵌入

在 HTML 文件中有 3 种方式加载 JavaScript，这些方式与 HTML 中加载 CSS 很相似，分为内部引用 JavaScript，外部引用 JavaScript 文件，内联引用 JavaScript。

1. 内部引用 JavaScript

内部引用 JavaScript 是通过 script 标签加载 JavaScript 代码。要将 JavaScript 的代码放在 HTML 标签符＜script＞和＜/script＞之间。＜script＞标签符中有多个参数，如果包含的是 JavaScript 代码，其 language 选项的值要设置为"javascript"。

除此之外，也可以设置为"javascript1.1""javascript1.2"或"jscript"等值，其含义也都表示支持 JavaScript 脚本语言。在 Dreamweaver 中的代码编辑环境里，可以看到 language 选项的可选值，其中以 j 开头的都是支持 JavaScript 脚本的选项，如图 1-3 所示。

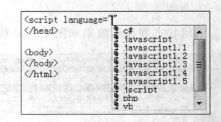

图 1-3　Dreamweaver 的代码编辑环境里 language 选项的可选值

＜script＞标签符可以放置在＜head＞和＜/head＞之间，如例 1-1 程序所示。＜script＞标签符还可以放置在＜body＞和＜/body＞之间，如例 1-2 程序所示。

2. 外部引用 JavaScript 文件

外部引用就是引用 HTML 文件外部的 JavaScript 文件，这种方式可以使代码更清晰，更容易扩展。在 HTML 的 script 标签加载外部 JavaScript 文件。

例 1-3 启动编辑软件,将下面的代码输入并保存为 testjs.js。

/＊第一个 JavaScript 文件＊/
document.write("外部 JavaScript 文件");

将下面的代码输入并保存为 1-3.html。

扫一扫

```
<html>
<head>
<meta http-equiv="Content-Type" content="text/html; charset=utf-8" />
<title>外部引用 JavaScript 文件</title>
</head>
<body>
引用外部 JavaScript 文件：<font color="#FF0000"><script language="javascript" src="testjs.js"></script></font>
</body>
</html>
```

显示效果如图 1-4 所示。

图 1-4　外部引用 JavaScript 文件

`<script language="javascript" src="testjs.js"></script>`的代码也可以放到 head 标签内。浏览器加载顺序是从上到下,放在 head 标签中时,会在页面加载之前将其加载到浏览器里,放在 body 标签中时,会在页面加载完成之后读取。

3. 内联引用 JavaScript

内联引用是通过 HTML 标签中的事件属性实现的,可表示为事件调用 JavaScript 程序。例如通过单击事件调用 JavaScript。

例 1-4 将下面的代码输入并保存为 1-4.html。

扫一扫

```
<html>
<head>
<meta http-equiv="Content-Type" content="text/html; charset=utf-8" />
<title>内联引用 JavaScript</title>
</head>
<body>
<input type="button" value="单击调用 JavaScript" onclick="alert('你单击了一个按钮');">
</body>
</html>
```

显示效果如图 1-5 所示。

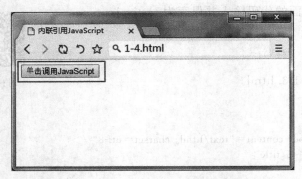

图 1-5 内联引用 JavaScript

1.4 上机练习

例 1-5 编写 JavaScript 文件,实现显示 6×5 表格的功能。在 HTML 网页中引入该 JavaScript 文件,实现单击按钮,显示表格的功能。

(1) 编写 JavaScript 文件。在编辑工具中新建一个空白文档,并输入下面的 JavaScript 代码,然后保存为 table.js。

扫一扫

```
//显示表格
function tbl()
{
    var i,j
    document.write("<table border=1 align=center width=85%>");
    for(i=1; i<=6; i++){
        if(i%2){
            document.write("<tr bgcolor=#cccccc>");
        }
        else{
            document.write("<tr bgcolor=#eeeeee>");
        }
        for(j=1; j<=5; j++){
            document.write("<td>第" + i + "行,第" + j + "列</td>");
        }
        document.write("</tr>");
    }
    document.write("</table>");
}
```

(2) 在编辑工具中输入下面的代码,并保存为网页文件 1-5.html。

```
<html>
<head>
<meta http-equiv="Content-Type" content="text/html; charset=utf-8" />
<title>显示表格</title>
<script language="javascript" src="table.js"></script>
</head>
```

```
<body>
<input type="button" value="显示表格" onClick="tbl()">
</body>
</html>
```

(3) 编写完成后,在浏览器中打开网页文件,显示效果如图 1-6 所示。

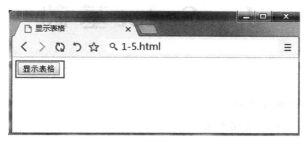

(a) 按钮

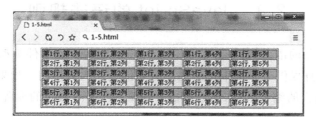

(b) 表格

图 1-6　显示效果

课后练习

1. 利用 3 种加载 JavaScript 的方式,弹出提示对话框"调用内部 js 和外部 js 的练习"。
2. 利用 3 种加载 JavaScript 的方式,显示"欢迎进入 JavaScript 的学习"。

第2章

JavaScript 基础

学习目标

掌握 JavaScript 的语法规则。

熟练掌握 JavaScript 的编程方法。

2.1 JavaScript 的语法规则

Java 是面向对象的语言,是一种基于对象(object based)和事件驱动(event driver)的编程语言。因而它本身提供了非常丰富的内部对象供设计人员使用。如果用户之前已经有了 Java 或 C 等高级语言的编程基础,那么可以迅速掌握 JavaScript 的编程方法。

1. 标识符

标识符是指 JavaScript 中定义的符号名称,例如,变量名、函数名、数组名等。

标识符可以任意取名,但必须遵循以下命名规则。

(1)第一个字符必须是字母、下画线或美元符号。其他字符可以是字母、下画线、美元符号或数字。

(2)字符中的字母可以包括拓展的 ASCII 或 Unicode 字母字符,也可以使用中文。

(3)不能使用关键字、保留字、true、false 和 null。

(4)标识符名称对大小写敏感,即大写的变量 A 和小写的变量 a 是两个不同的标识符。

JavaScript 的关键字如表 2-1 所示。

表 2-1 JavaScript 的关键字

break	delete	function	return	typeof
case	do	if	switch	var
catch	else	in	this	void
continue	false	instanceof	throw	while
debugger	finally	new	true	with
default	for	null	try	

JavaScript 还为将来的扩展提前预留了一些保留字,如表 2-2 所示。

表 2-2　JavaScript 扩展的保留字

abstract	double	goto	native	static
boolean	enum	implements	package	super
byte	export	import	private	synchronized
char	extends	int	protected	throws
class	final	interface	public	transient
const	float	long	short	volatile

除此之外,有些对象或系统函数的名字最好也避免使用,以免出现问题,比如 String 或 parseInt 等。

2. 变量

在任何一种编程语言中都需要存储数据,这些数据一般都存储在变量中。变量顾名思义就是可以变化的量,其中的内容在程序的运行过程中是可以发生变化的,因此变量一般是作为运行的中间过程或结果来存储数据的。比如,循环中的计数值就要存储在一个变量中;存储用户接收的输入值,也要使用变量。

JavaScript 中的变量没有类型,使用时可以先声明再赋值,例如:

```
var inum;
inum=1234;
```

变量可以重复赋值,例如:

```
var S_a;
S_a="字符串类型数据";
S_a="Hello,JavaScript";
```

也可以通过赋值来指定变量的类型,例如:

```
f_a=3.14;
f_b=12.66;
f_sum=f_a+f_b;
document.write(f_sum);
```

3. 注释

为了增强 JavaScript 程序的可读性,一般都会在源代码中增加注释内容,这些内容不是 JavaScript 程序的可执行语句,只是起到解释和说明的作用。另外,在调试 JavaScript 程序时也会使用到注释,在暂不需要执行的语句前增加注释,以达到调试的目的。

JavaScript 程序的注释形式有两种,一种是单行注释;另一种是多行注释。

单行注释只对一行内容进行注释,使用"//"开头的行即为注释行。

多行注释可以对多行进行注释,以"/*"开始,以"*/"结束,注意,多行注释符是不能嵌套使用的。

例 2-1　打开编辑软件,输入下面的代码,代码中增加了注释行,但运行时只执行没有注释行的语句。

```
<html><head>
<title>例 2-1</title>
<script language="javascript">
    document.write("这行不是注释<p>");
    //下面一行的语句的开头增加了注释符
    //document.write("这行是注释<p>");
    document.write("这行也不是注释<p>");
    /* 本段为多行注释
       alert("无法显示的弹出对话框!");
       document.write("这句也不能显示<p>"); */
    document.write("这行可以显示了");
</script></head>
<body>
<p>这是一个有注释的 JavaScript 例子.
</body></html>
```

显示效果如图 2-1 所示。

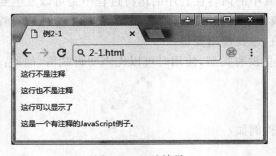

图 2-1 显示效果

需要注意的是,注释语句不要过多,否则会影响 JavaScript 程序的加载和运行。

2.2 数据类型

JavaScript 的数据类型有字符串(String)、数值(Number)、布尔(Boolean)、数组(Array)、对象(Object)、空(Null)、未定义(Undefined)。

JavaScript 拥有动态类型。这意味着相同的变量可用作不同的类型,例如:

```
var x;                      //x 为未定义类型
var x=2.3;                  //x 为数字类型
var x="JavaScript";         //x 为字符串类型
```

1. 数值型

JavaScript 数值型表示一个数字,比如 2、-5、5e2。
数值型包括正数、负数,例如:

```
var x1=10;
var x2=-10;
```

或者整数和小数,例如:

var x1=3.14;
var x2=314;

极大或极小的数字可以通过科学(指数)计数法来书写,例如:

var y=123e5;   //等同于 123*10*10*10*10*10=>12300000
var z=123e-5;   //等同于 123*0.1*0.1*0.1*0.1*0.1=>0.00123

2. 字符串型

字符串型可以表示一串字符,字符串变量可以用来存储字符,比如"JavaScript"'梦想中国'。字符串型应使用双引号(")或单引号(')括起来。

JavaScript字符串定义方法如下:

var str="字符串";   //方法一
var str=new string("字符串");   //方法二

通常使用方法一,比较简单。

3. 布尔型

布尔(逻辑)型只能有两个值:true 或 false。布尔型常用在条件测试中,它用于判断表达式的逻辑条件。每个关系表达式都会返回一个布尔值。例如:

x==3   /*判断x是否等于3,如果等于,表达式为true,否则,表达式为false*/

4. 未定义值和空值型

未定义值表示变量不含有值。以下3种情况返回类型为未定义值 Undefined。

(1) 当变量未初始化时。
(2) 变量未定义时。
(3) 函数无明确返回值时(函数没有返回值时返回的都是 Undefined)。

Undefined 并不等同于未定义的值,Undefined 是声明了但是没有初始化的该变量。

空值 Null 表示尚未存在的对象,Null 是用来准备保存对象,还没有真正保存对象的值。从逻辑角度看,Null 值表示一个空对象指针。实际上,Undefined 值是派生自 Null 值的。

注意,任何时候都不建议显式地设置一个变量为 Undefined,但是如果保存对象的变量还没有真正保存对象,应该设置成 Null。

2.3 运算符和表达式

在定义完变量后,就可以对它们进行赋值、改变、计算等一系列操作,这一过程通常又用表达式来完成,可以说它是变量、常量、布尔及运算符的集合,因此表达式可以分为算术表述式、字符串表达式、赋值表达式以及布尔表达式等。

运算符是完成操作的一系列符号,在 JavaScript 中有算术运算符,如+、-、*、/等;有比较

运算符,如!＝、＝＝等;有逻辑运算符,如!（取反）、|、||;有字符串运算符,如＋、＋＝等。

1. 算术运算符

算术运算符用于执行变量或值之间的算术运算,主要完成加、减、乘、除等运算。算术运算符如表2-3所示。

表2-3 算术运算符

运算符	描 述	例 子	结 果
＋	加	x＝y＋2	x＝7
－	减	x＝y－2	x＝3
＊	乘	x＝y＊2	x＝10
/	除	x＝y/2	x＝2.5
％	求余数（保留整数）	x＝y％2	x＝1
＋＋	累加	x＝＋＋y	x＝6
－－	累减	x＝－－y	x＝4

2. 赋值运算符

赋值运算符用于给JavaScript变量赋值,如表2-4所示。

表2-4 赋值运算符

运算符	例 子	等 价 于
＝	x＝y	
＋＝	x＋＝y	x＝x＋y
－＝	x－＝y	x＝x－y
＊＝	x＊＝y	x＝x＊y
/＝	x/＝y	x＝x/y
％＝	x％＝y	x＝x％y

3. 关系运算符

关系运算符又称比较运算符,用在逻辑语句中,以测定变量或值是否相等,如表2-5所示。

表2-5 关系运算符

运算符	描 述	例 子	结 果
＝＝	等于	a＝＝b	如果a和b的值相同则返回true(真),否则返回false(假)
!＝	不等于	a!＝b	如果a和b的值不相同则返回true(真),否则返回false(假)
＞	大于	a＞b	a大于b则返回true(真),否则返回false(假)
＞＝	大于等于	a＞＝b	a大于等于b则返回true(真),否则返回false(假)
＜	小于	a＜b	a小于b则返回true(真),否则返回false(假)
＜＝	小于等于	a＜＝b	a小于等于b则返回true(真),否则返回false(假)

4. 逻辑运算符

逻辑运算符一般用于语句的判断,测定变量或值之间的逻辑,返回逻辑类型的值,如表 2-6 所示。

表 2-6 逻辑运算符

运算符	描述	例子	结　　果
&&	与	a&&b	只有当 a 和 b 同为 true(真)时,才返回 true(真)。否则,返回 false(假)
||	或	a||b	如果其中一个表达式为 true(真),或两个表达式同为真,则返回 true(真)。否则,返回 false(假)
!	非	!a	如果表达式 a 为 true(真),则返回 false(假)。如果为 false(假),则返回 true(真)

5. 字符串运算符

字符串运算符只有一个,即加号("＋"),其用于把文本值或字符串变量前后连接起来。如果是其他类型的值与字符串类型的值使用加号连接在一起,则结果是字符串类型。

2.4　上　机　练　习

1. 变量的定义和显示

例 2-2　打开编辑软件,输入下面的代码,保存为 2-2.html。

扫一扫

```
<html>
<head>
<meta http-equiv="Content-Type" content="text/html; charset=utf-8" />
<title>定义数据</title>
</head>
<body>
<script language="javascript">
    var s="定义不同数据类型的变量!";
    var x=10;
    var y=95.63;
    var z=3.15647;
    document.write("s="+s+"<br>");
    document.write("x="+x+"<br>");
    document.write("y="+y+"<br>");
    document.write("z="+z+"<br>");
</script>
</body>
</html>
```

显示效果如图 2-2 所示。

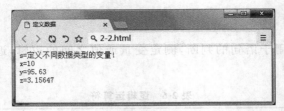

图 2-2　显示效果

2. 算术运算符的使用

例 2-3　打开编辑软件,输入下面的代码,保存为 2-3.html。

```html
<html>
<head>
<meta http-equiv="Content-Type" content="text/html; charset=utf-8" />
<title>算术运算符</title>
</head>
<body>
<script language="javascript">
    var n=567,x,y,z,s;
    x=n/10%2;
    y=(n-n%10)/100;
    z=n%10;
    s=n%100/10;
    document.write("n="+n+"<br>");
    document.write("x="+x+"<br>");
    document.write("y="+y+"<br>");
    document.write("z="+z+"<br>");
    document.write("s="+s+"<br>");
</script>
</body>
</html>
```

显示效果如图 2-3 所示。

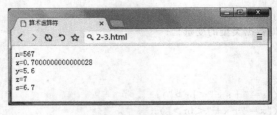

图 2-3　显示效果

3. 关系运算符的使用

例 2-4　打开编辑软件,输入下面的代码,保存为 2-4.html。

```html
<html>
```

```
<head>
<meta http-equiv="Content-Type" content="text/html; charset=utf-8" />
<title>关系运算符</title>
</head>
<body>
<script language="javascript">
    var n=3,m=4;
    var a,b,c,d;
    a=n<m;
    b=((++n)==m);
    c=((n++)>m);
    d=((--m)!=n);
    document.write("n="+n+",m="+m+"<br>");
    document.write("a="+a+"<br>");
    document.write("b="+b+"<br>");
    document.write("c="+c+"<br>");
    document.write("d="+d+"<br>");
</script> </body>
</html>
```

显示效果如图 2-4 所示。

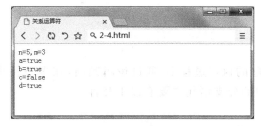

图 2-4　显示效果

4. 逻辑运算符的使用

例 2-5　打开编辑软件，输入下面的代码，保存为 2-5.html。

扫一扫

```
<html>
<head>
<meta http-equiv="Content-Type" content="text/html; charset=utf-8" />
<title>逻辑运算符</title>
</head>
<body>
<script language="JavaScript">
    var x=6,y=8;
    var b;
    b=(x>y)&&(++x==--y);
    document.write("x="+x+",y="+y+"<br>");
    document.write("b="+b+"<br>");
</script> </body>
</html>
```

显示效果如图 2-5 所示。

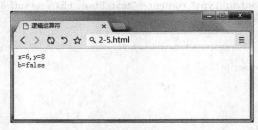

图 2-5　显示效果

2.5　流程控制

同其他的高级程序语言一样，JavaScript 提供了 3 种程序结构，分别是顺序结构、分支结构和循环结构。

顺序结构最简单，其执行方法是从上到下，中间没有其他的分支线路。按设计时所确定的次序，一个一个语句地顺序执行。以下分别介绍选择结构和循环结构。

2.5.1　选择结构

选择结构就是在程序的执行过程中，通过逻辑判断，在多条备选执行线路中，选择出一条来执行。JavaScript 中的分支语句主要有以下几种。

（1）if 语句

if 语句的语法格式如下：

```
if（条件）{
    条件成立时执行的代码
}
```

其中"条件"是一个逻辑表达式，当值为真时，就执行花括号对（"{"和"}"）中的代码。

例 2-6　下面所示代码用于判断用户是否输入了用户名和密码。

```
<html>
<head>
<meta http-equiv="Content-Type" content="text/html; charset=utf-8" />
<title>例 2-6</title><script language="javascript">
function check() {
    if(document.form1.username.value==""){
        alert("请输入用户名!");
        return false;
    }
    if(document.form1.password.value==""){
        alert("请输入密码!");
        return false;
    }
```

扫一扫

```
        return true;
    }
</script></head>
<body>
<form id="form1" name="form1" method="post" action="">
  <p align="center">  </p>
  <p align="center">用户名：<input type="text" name="username" id="username" /></p>
  <p align="center">密  码：
<input type="text" name="password" id="password" /></p>
  <p align="center">
    <input type="submit" name="button" id="button" value="提交" onclick="return check();"/>
           
    <input type="reset" name="button2" id="button2" value="重置" /></p>
</form>
</body>
</html>
```

这段代码在用户登录或注册等界面中经常被使用，通过 JavaScript 代码的判断，可以在页面被提交给服务器前就进行最基本的内容判断，这样就节省了网络带宽和等待的时间。

本示例中的 JavaScript 代码是放在 check() 函数中的，由"提交"按钮中的 onclick（单击）事件执行，即当用户单击"提交"按钮时执行 check() 函数。由于 check() 函数根据判断会返回不同的值（真值"true"表示继续提交，假值"false"表示停止提交），这时的 onclick 事件也会执行对应的操作，因此 onclick 事件的值要写为"return check();"。

在 check() 函数中首先判断页面中的"用户名"文本框中的值是否为空，即等于空，"用户名"文本框使用页面对象 document 下的属性值，即"document.form1.username.value"，如果等于空值，则使用 alert() 函数弹出一个提示对话框，并返回 false 值。密码框的判断也是相同的。本代码的执行效果如图 2-6 所示。

图 2-6 if 语句的执行效果图

（2）if...else 语句

if...else 语句的语法格式如下：

```
if(条件){
    条件成立时执行此代码
}
else{
    条件不成立时执行此代码
}
```

if...else 语句要比 if 语句多出一个可选分支，在 if 语句中，如果 if 后面的判断条件为假，则直接执行 if 语句段后面的内容，而 if...else 语句则当 if 后面的判断条件为假时，转而执行 else 中的语句内容。

例 2-7 下面所示代码的功能是判断用户是否勾选了复选框。

```html
<html>
<head>
<meta http-equiv="Content-Type" content="text/html; charset=utf-8" />
<title>例 2-7</title>
<script language="javascript">
function check(){
    if(document.form1.enjoy.checked) {
        alert("你喜欢 JavaScript! :)");
    }
    else {
        alert("你不喜欢 JavaScript! :(");
    }
}
</script></head>
<body>
<form id="form1" name="form1" method="post" action="">
    <p>你喜欢学习 JavaScript 吗?<input type="checkbox" name="enjoy" id="enjoy" />
    </p>
    <p><input type="button" name="button" id="button" value="提交" onclick="check()"/>
    </p>
</form></body>
</html>
```

本代码也是使用 onclick 事件驱动执行 check() 函数中的 JavaScript 代码。代码中使用了 if…else 语句，在 if 语句后面判断复选框是否被勾选，即通过判断 document 对象下的 form1 表单中的 enjoy 复选框的 checked 属性(document.form1.enjoy.checked)的值是否为真，来确定用户是否选了这个复选框。如果条件为真，则执行 if 后花括号中的语句；如果条件为假，则执行 else 后花括号中的语句。本代码的执行效果如图 2-7 所示。

图 2-7 if…else 语句的执行效果图

(3) if…else if…else 语句

if…else if…else 语句的语法格式如下：

```
if (条件 1){
    条件 1 成立时执行代码
}
else if (条件 2){
    条件 2 成立时执行代码
```

```
}
...
else{
    条件1、条件2和条件n均不成立时执行代码
}
```

if...else if...else 语句比 if 语句和 if...else 语句要多出几个条件判断,同时也多出了几个备选执行线路,因此本语句也可以称为多分支条件语句。

在多个条件中,当第一个条件不满足时,会判断第二个条件,如果第二个条件也不满足,则会顺序判断下一个,直到全部的条件都判断完为止。如果没有一个条件的结果为真,则执行 else 后花括号中的语句。

例 2-8 下面所示代码的功能是通过多分支语句判断用户选择了哪个单选按钮。

```
<html>
<head>
<meta http-equiv="Content-Type" content="text/html; charset=utf-8" />
<title>例 2-8</title>
<script language="javascript">
function check(){
    if(document.form1.g1.checked){
        alert("你是大一年级的同学");
    }
    else if(document.form1.g2.checked){
        alert("你是大二年级的同学");
    }
    else if(document.form1.g3.checked){
        alert("你是大三年级的同学");
    }
    else if(document.form1.g4.checked){
        alert("你是大四年级的同学");
    }
    else{
        alert("请选择");
    }
}
</script></head>
<body>
<form id="form1" name="form1" method="post" action="">
  <p>请选择你所在的年级:</p>
  <p><input type="radio" name="radio" id="g1" value="radio" />大学一年级</p>
  <p><input type="radio" name="radio" id="g2" value="radio" />大学二年级</p>
  <p><input type="radio" name="radio" id="g3" value="radio" />大学三年级</p>
  <p><input type="radio" name="radio" id="g4" value="radio" />大学四年级</p>
  <p><input type="button" name="button" id="button" value="提交" onclick="check()"/>
  </p>
</form></body></html>
```

使用 if...else if...else 语句可以进行多个条件的判断,首先判断用户是否选择了第一个单选按钮(document.form1.g1.checked),如果结果为假,则继续判断每一个单选按钮;如果用户没有选择任何一个单选按钮,则会执行 else 后的语句。本代码的执行效果如图 2-8 所示。

图 2-8　if…else if…else 语句的执行效果图

(4) switch…case 语句

除了 if…else if…else 语句是多分支条件语句外,本语句的主要功能也是进行多个条件的判断,其语法格式如下:

```
switch(n){
    case c1:
        执行代码块 1
        break
    case c2:
        执行代码块 2
        break
    …
    default:
        如果 n 既不是 1 也不是 2,则执行此代码
}
```

switch 后面的值(即 n)可以是表达式,也可以是变量。表达式中的值会与 case 后的常量值作比较,如果与某个 case 相匹配,那么其后的代码就会被执行。break 的作用是防止代码自动执行到下一行。

例 2-9　下面代码的功能是判断用户输入的值,然后设置页面背景颜色。

扫一扫

```
<html><head>
<meta http-equiv="Content-Type" content="text/html; charset=utf-8" />
<title>例 2-9</title>
<script language="JavaScript">
function modifybgcolor(){
    switch(document.form1.color.value){
        case "red":
            document.bgColor="red";
            break;
        case "green":
            document.bgColor="green";
            break;
        case "blue":
            document.bgColor="blue";
            break;
        case "yellow":
            document.bgColor="yellow";
```

```
            break;
        case "white":
            document.bgColor="white";
            break;
        default:
            alert("输入的颜色名称不支持!");
            break;
    }
}
</script></head><body>
<form id="form1" name="form1" method="post" action="">
<p>请输入一个颜色名称(只能输入 red、green、blue、yellow、white):</p>
    <p><input type="text" name="color" id="color" /></p>
    <p><input type="button" name="button" id="button" value="修改颜色" onClick="modifybgcolor()"/></p>
</form></body></html>
```

本代码中使用了 switch 语句判断用户输入了什么值,首先根据对应的值,执行相应 case 语句后的代码,比如用户输入了"red",则"document.form1.color.value"的值即为"red";其次与所有 case 后的内容进行匹配;最后执行把背景设置为红色的语句。在 switch 语句中,每一个 case 中的代码执行完成后,要执行一条"break"语句,表示此 case 执行完成。如果所有的 case 后的值都不匹配,则要执行"default"下的语句。

本代码的执行效果如图 2-9 所示。

图 2-9 switch 语句的执行效果图

2.5.2 循环结构

当重复执行同一段代码或进行遍历数组等操作时就要用到循环语句。循环语句也是程序中最常用的结构之一。

(1) for 循环

for 循环的语法格式如下:

```
for(变量=开始值;变量<=结束值;变量=变量+步进值){
    需执行的代码
}
```

for 后面的括号中包括 3 个部分,每个部分都使用分号分隔,这 3 个部分都与循环变量有关,它是控制循环次数的一个重要部分。在第一部分中,对循环变量进行初始化设置;第二部分是循环继续执行的条件,一般是让循环变量小于或小于等于某一个值;第三部分是增加循环变量的值。

需要注意,在 for 循环中循环变量一般是数字类型的。循环变量的初始值必须被设置,如果不设置在 for 的括号里面,也可以设置在 for 语句的前面。循环变量的增量一般是正值(通常是 1),这时要求变量的初始值必须要小于结束值;如果循环变量的增量是负值,则要求初始值要大于结束值,否则就会出现死循环。

(2) for...in 循环

for...in 循环的语法格式如下:

```
for(变量 in 对象或数组){
    在此执行代码
}
```

for...in 循环是 for 循环的一种变形,其主要用于遍历数组或者对象的属性,即对数组或者对象的属性进行循环操作。

例 2-10　下面代码的功能是通过 for...in 循环遍历数据中的数据并显示。

```
<html><head>
<meta http-equiv="Content-Type" content="text/html; charset=utf-8" />
<title>例 2-10</title>
<script language="javascript">
var x
var colorArray=new Array()
colorArray[0]="red"
colorArray[1]="green"
colorArray[2]="blue"
colorArray[3]="yellow"
colorArray[4]="black"
colorArray[5]="white"
colorArray[6]="pink"
for(x in colorArray){
    document.write(colorArray[x] + "<br>")
}
</script></head>
<body>
<p>以上是使用 for...in 循环列出的颜色值:
</body></html>
```

在这段代码中,首先定义了一个循环使用的变量 x,然后定义了数组对象,并依次对每一个数组元素赋值,最后使用 for...in 循环遍历数组并显示出来。这段代码的执行效果如图 2-10 所示。

图 2-10　for...in 循环的执行效果图

(3) while 循环

while 循环的语法格式如下:

```
while(判断条件){
    需执行的代码
}
```

while 循环和 for 循环相似,都可以重复执行一段代码,但 while 循环后的花括号中只有一个继续执行循环条件的判断,因此 while 循环不但可以进行数字表达式的判断,也可以进行其他类型表达式的判断。

例 2-11 下面的代码完成循环显示数组中值的功能。

```
<html><head>
<meta http-equiv="Content-Type" content="text/html; charset=utf-8" />
<title>例 2-11</title>
<script language="javascript">
var x
var colorArray=new Array()
colorArray[0]="red"
colorArray[1]="green"
colorArray[2]="blue"
colorArray[3]="yellow"
colorArray[4]="black"
colorArray[5]="white"
colorArray[6]="pink"
x=0
while(colorArray[x]!="black"){
    document.write(colorArray[x] + "<br>")
    x++
}
</script></head>
<body>
<p>以上是使用 while 循环列出的颜色值,直到颜色值是"black"时结束:
</body></html>
```

扫一扫

在本段代码的前面先是定义了变量 x 和一个数组,并对数组进行了赋值,然后对遍历数组用的变量 x 进行了初始化,在 while 循环中依次检查每一个数组的值,直到值是"black"为止循环才结束,在循环中进行了内容的显示,同时对变量 x 进行了增量操作,这里需要注意,如果在循环中忘了对 x 进行增量操作,则循环将变成死循环。这段代码的执行效果如图 2-11 所示。

```
red
green
blue
yellow
以上是使用while循环列出的颜色值,直到颜色值是"black"时结束:
```

图 2-11 while 循环的执行效果图

2.6 函　　数

函数是由事件驱动的或者当它被调用时执行的可重复使用的代码块。函数为用户提供了一个非常方便的功能。通常在进行一个复杂的程序设计时,应根据所要完成的功能,将程序划分为一些相对独立的模块,每个模块编写一个函数。从而,使各部分充分独立,任务单一,程序清晰、易懂、易读、易维护。

2.6.1 函数的定义和调用

1. JavaScript 函数定义

函数就是包裹在花括号中的代码块,前面使用了关键词 function。

```
function 函数名([参数],[参数])
{
    执行代码;
}
```

说明:JavaScript 对大小写敏感。关键词 function 必须是小写的,并且必须以与函数名称相同的大小写来调用函数参数表,当调用该函数时,会执行函数内的代码。
括号()的参数,可以有也可以没有,根据要实现的功能设置参数的个数。

2. 调用不带参数的函数

用户可以在某事件发生时直接调用函数(比如当用户单击按钮时),并且可由 JavaScript 在任何位置进行调用。

例 2-12 输入以下代码,调用不带参数的函数。

```html
<html><head>
<meta http-equiv="Content-Type" content="text/html; charset=utf-8" />
<title>单击调用 JS 函数</title>
<head>
<script>
function firstFunction()
{
    alert("Hello World!");
}
</script>
</head>
<body>
<button onclick="firstFunction()">单击调用 JS 函数</button>
</body>
</html>
```

调用不带参数的函数的显示效果如图 2-12 所示。

3. 调用带参数的函数

在调用函数时,可以向其传递值,这些值被称为参数。这些参数可以在函数中使用。可以发送任意多的参数,由逗号(,)分隔。变量和参数必须以一致的顺序出现。第一个变量就是第一个被传递的参数的给定的值,以此类推。

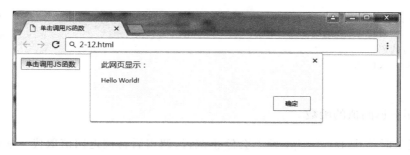

图 2-12 调用不带参数的函数

例 2-13 输入以下代码,调用带参数的函数。

```
<html>
<head>
<meta charset="utf-8">
<title>调用带参数的函数</title>
<script>
function userinfo(name,age){
    alert("姓名:" + name + ",年龄" + age);
}
</script>
</head>
<body>
<p>单击这个按钮,来调用带参数的函数.</p>
<button onclick="userinfo('张三',24)">调用JS带参数的函数</button>
</body>
</html>
```

扫一扫

调用带参数的函数的显示效果如图 2-13 所示。

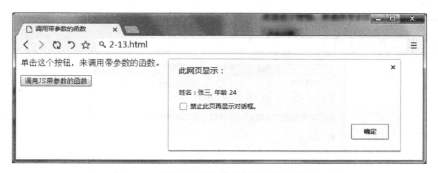

图 2-13 调用带参数的函数

2.6.2 带有返回值的函数

1. 带有返回值的JavaScript函数定义

有时会希望函数将值返回调用它的地方。可以使用 return 语句来实现。在使用 return 语句时,函数会停止执行,并返回指定的值。

```
function 函数名([参数],[参数])
{
    执行代码
    return 表达式;
}
```

2. 调用有返回值的函数

调用函数时整个 JavaScript 并不会停止执行,调用后将被返回值取代。从调用处继续执行程序。

例 2-14 输入以下代码,计算两个数字的和,并返回结果。

```
<html>
<head>
<meta charset="utf-8">
<script>
function addab(num1,num2)
{
    sum=num1+num2;
    return sum;
}
</script>
</head>
<body>
<p>本例调用的函数会执行一个计算,然后返回结果: </p>
42+33=<input name="demo" type="text" id="demo" size="8">
<script>
    document.getElementById("demo").value=addab(42,33);
</script>
</body>
</html>
```

显示效果如图 2-14 所示。

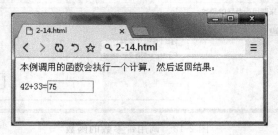

图 2-14 显示效果

2.6.3 变量的作用域

1. 局部 JavaScript 变量

在 JavaScript 函数内部声明的变量(使用 var)是局部变量,所以只能在函数内部访问它,该变量的作用域是局部的。用户可以在不同的函数中使用名称相同的局部变量,因为只有声明过该变量的函数才能识别出该变量,只要函数运行完毕,该变量就会被删除。

2. 全局 JavaScript 变量

在函数外声明的变量是全局变量,网页上的所有脚本和函数都能访问它。如果把值赋给尚未声明的变量,该变量将被自动作为全局变量声明。

3. JavaScript 变量的生存期

JavaScript 变量的生存期从它们被声明的时间开始。局部变量会在函数运行以后被删除。全局变量会在页面关闭后被删除。

综合案例,请扫一扫

课后练习

1. 编写程序,实现输出乘法口诀表。
2. 编写程序,实现单击按钮,改变文字颜色。
3. 编写程序,实现两个数的加减乘除四则运算。
4. 编写程序,实现用户名和密码的判断,正确的用户名为"admin",密码为"123456"。如果输入正确,显示"验证通过";如果输入错误,显示"验证失败"。

第3章

应 用 CSS

学习目标
掌握 CSS 的基本语法定义规则。
掌握 CSS 的使用方法。
掌握 CSS 设置网页中各种元素样式的方法。

3.1 CSS 概述

CSS(cascading style sheet)简称样式表,它是一种用于控制网页样式的标签语言。本质上讲 CSS 是一组格式设置规则,用于控制页面元素的外观。这就形成了页面内容存放在 HTML 文件中,而用于定义形式的 CSS 规则存放在另一文件中,或存放在 HTML 文件的另一部分(通常为网页的首部),从而实现了内容与表示形式的分离。

1997 年初,W3C 内组织了专门管 CSS 的工作组,开始讨论第 1 版中没有涉及的问题,并于 1998 年 5 月出版 CSS 第 2 版。而后,W3C 又致力于 CSS 第 3 版的研究。CSS3 由一系列标准的模块构成,很多模块现今仍处于开发阶段。本书主要对现今应用较广的 CSS2 进行讲解。

3.1.1 CSS 的优点

使用 CSS 的优势,主要体现在以下几个方面。

(1) 内容和样式的分离,使得网页设计趋于明了、简洁。

(2) 弥补 HTML 对标签属性控制的不足。如在 HTML 中可控制的标题仅有 6 级,即 h1~h6,而利用 CSS 可以任意设置标题大小。

(3) 精确控制网页布局,如行间距、字间距、段落缩进和图片定位等属性。

(4) 提高网页效率,增强易用性和可扩展性。多个网页同时应用一个 CSS 样式,既减少了代码的下载,又提高了浏览器的浏览速度和网页的更新速度,并能提高网页的编辑维护效率。同时,在一个网页上可以通过调用不同的样式表来切换不同的网页外观。

(5) 增强网页特效,提高用户体验。CSS 还有很多特殊功能,如鼠标指针属性控制鼠标的形状和滤镜属性控制图片的特效等。

3.1.2 如何编辑 CSS

CSS 文件与 HTML 文件一样，都是纯文本文件，因此一般的文字处理软件都可以对 CSS 进行编辑。记事本和 UltraEdit 等最常用的文本编辑工具对 CSS 的初学者尤其有帮助。在网上也能找到很多 CSS 的编辑器或在线编辑器，这里使用 Dreamweaver 的纯代码模式。

Dreamweaver 这款专业的网页设计软件在代码模式下对 HTML、CSS 和 JavaScript 等代码有着非常好的语法着色以及语法提示功能，并且自带很多实例，对 CSS 的学习很有帮助。

例 3-1 编辑 CSS 代码，图 3-1 所示的就是例 3-1 的编辑图。

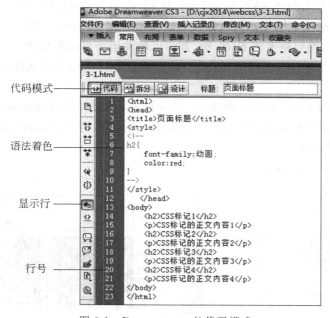

图 3-1 Dreamweaver 的代码模式

扫一扫

```
<html>
<head>
<title>页面标题</title>
<style>
<!--
h2{
    font-family:幼圆;
    color:red;
}
-->
</style>
  </head>
<body>
    <h2>CSS 标签 1</h2>
    <p>CSS 标签的正文内容 1</p>
```

```
        <h2>CSS 标签 2</h2>
        <p>CSS 标签的正文内容 2</p>
        <h2>CSS 标签 3</h2>
        <p>CSS 标签的正文内容 3</p>
        <h2>CSS 标签 4</h2>
        <p>CSS 标签的正文内容 4</p>
    </body>
</html>
```

对于 CSS 代码,在默认情况下都采用粉红色进行语法着色,而 HTML 代码中的标签则是蓝色,正文内容在默认情况下为黑色。而且对于每行代码,前面都有行号进行标签,方便对代码的整体规划。

在 Dreamweaver 中,无论是 CSS 代码还是 HTML 代码,都有很好的语法提示。在编写具体 CSS 代码时,按 Enter 键或空格键都可以触发语法提示。例如在图 3-1 中,当光标移动到"color:red;"一句的末尾时,按空格键或 Enter 键,都可以触发语法提示的功能。如图 3-2 所示,Dreamweaver 会列出所有可以供选择的 CSS 样式,方便设计者快速进行选择,从而提高工作效率。

而且,当已经选定某个 CSS 样式,例如上例中的 color 样式,在其冒号后面再按空格键时,Dreamweaver 会弹出新的详细提示框,让用户对相应 CSS 的值进行直接选择,如图 3-3 所示的调色板就是其中的一种情况。

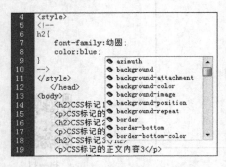

图 3-2 Dreamweaver 语法提示

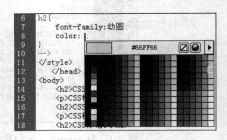

图 3-3 调色板

3.2 CSS 选择器

样式表中的内容使得页面的外观发生明显的变化,也就是 CSS 的描述部分或者叫定义部分。通常情况下,CSS 的描述部分是由 CSS 的选择器来承担的。

3.2.1 CSS 基本语法

基本语法如下:

selector {property: value; property: value; …property: value; }

其中,selector 代表选择器;property 代表属性;value 代表属性值。每一组属性和属性值称为一个声明。属性和属性值要用冒号隔开；每一个声明要用分号结束。如果属性值由多个单词组成，并且单词间有空格，那么必须给值加上引号。

CSS 选择器就是 CSS 样式的名字。选择器的命名可以使用英文字母的大写与小写、数字、连字号、下画线、冒号、句号，CSS 选择器只能以字母开头，选择器在 CSS 中可分成多种，主要包括标签选择器、类选择器、ID 选择器、通配符选择器、伪类、派生选择器、群选择器。

3.2.2 标签选择器

标签选择器是现有的 HTML 标签（或称标签）。用 CSS 控制这些标签，会改变标签的默认样式。其语法格式如下：

标签名称 { 属性：属性值；属性：属性值；... }

例 3-2 定义和使用标签选择器，如图 3-4 所示。

```
<!DOCTYPE html PUBLIC "-//W3C//DTD XHTML 1.0 Transitional//EN"
 "http://www.w3.org/TR/xhtml1/DTD/xhtml1-transitional.dtd">
<html>
<head>
<title>class 选择器与标签选择器</title>
<style type="text/css">
p{
    color:blue;
    font-size:18px; }
</style>
    </head>

<body>
    <p>class 选择器与标签选择器 1</p>
    <p>class 选择器与标签选择器 2</p>
    <p>class 选择器与标签选择器 3</p>
    <p>class 选择器与标签选择器 5</p>
    <p>class 选择器与标签选择器 6</p>
</body>
</html>
```

扫一扫

图 3-4　标签选择器

3.2.3 类选择器

当需要对一个网页中的部分相同标签进行一样的样式设置时，则需要给这些标签一个新的别名，并对这些具有新别名的标签进行样式设置，以满足设计需求，这种样式的选择器被称作类选择器。用类选择器可以把相同的元素分类定义成不同的样式。其语法格式如下：

.新别名 { 属性：值；属性：值；... }

进行类选择器类型定义分为两步：第一步为标签定义新别名；第二步为在网页中对应的标签上使用类选择器，格式为"<标签 class="新别名">"。类选择器与 ID 选择器名称应该由字母开始,随后使用任意字母、数字、连接线和下画线。常用的网页元素名称大多是根据网页元素的位置和作用命名的,常用命名方法如 news_title、NewsTitle 等。

例 3-3 定义和使用类选择器,如图 3-5 所示。

```
<!DOCTYPE html PUBLIC "-//W3C//DTD XHTML 1.0 Transitional//EN"
  "http://www.w3.org/TR/xhtml1/DTD/xhtml1-transitional.dtd">
<html>
<head>
<title>class 选择器</title>
<style type="text/css">
.one{    color:red;
         font-size:18px;      }
.two{    color:green;
         font-size:20px;      }
.three{  color:cyan;
         font-size:22px;      }
</style>
</head>
<body>
    <p class="one">class 选择器 1</p>
    <p class="two">class 选择器 2</p>
    <p class="three">class 选择器 3</p>
    <h3 class="two">h3 同样适用</h3>
</body>
</html>
```

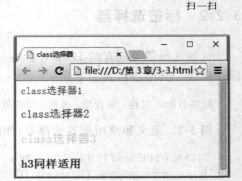

图 3-5 类选择器示例

3.2.4 ID 选择器

在 HTML 文档中,需要唯一标识一个元素时,就会赋予它一个 id 标识,以便在对整个文档进行处理时能够很快地找到这个元素。而 ID 选择器就是用来对这个单一元素定义单独的样式。其语法格式如下:

```
#新别名 {属性:值;属性:值;...}
```

例 3-4 定义和使用 ID 选择器,如图 3-6 所示。

图 3-6 ID 选择器示例

扫一扫

```
<!DOCTYPE html PUBLIC "-//W3C//DTD XHTML 1.0 Transitional//EN"
  "http://www.w3.org/TR/xhtml1/DTD/xhtml1-transitional.dtd">
```

```
<html>
<head>
<title>ID 选择器</title>
<style type="text/css">
#one{   font-weight:bold;       /*粗体*/         }
#two{   font-size:30px;         /*字体大小*/
        color:#009900;          /*颜色*/         }
</style>
</head>
<body>
    <p id="one">ID 选择器 1</p>
    <p id="two">ID 选择器 2</p>
</body>
</html>
```

ID 选择器不能用于多个标签,因为每个标签定义的 id 不只是 CSS 可以调用,JavaScript 等其他脚本语言同样也可以调用,如果一个 HTML 中有两个相同的 id 标签,那么将会导致 JavaScript 在查找 id 时出错。网站建设者在编写 CSS 代码时,应该养成良好的编写习惯,一个 id 最多只能赋予一个 HTML 标签。

通过上述 3 个例子,可以看出不同的选择器样式适用范围是不一样的:需要定义唯一的样式或者用来布局,则选用 ID 选择器样式。需要改变某一 HTML 标签的部分样式用类选择器样式。需要改变某一 HTML 标签的全部样式用类型选择器样式。

同时,在应用选择器的过程中,可能会遇到同一个元素由不同选择器定义的情况,这时就要考虑到选择器的优先级。通常使用的选择器包括 ID 选择器、类选择器、派生选择器和类型选择器等。因为 ID 选择器是最后被加到元素上的,所以优先级最高,其次是类选择器,再后才是类型选择器。

3.2.5 其他选择器

1. 派生选择器

当仅仅想对某一元素中的子元素进行样式指定时,派生选择器就被派上了用场。派生选择器指选择器中前一个元素包含后一个元素,元素之间使用空格作为分隔符。语法格式如下:

选择器 选择器{ 属性:属性值;属性:属性值;…}

其中,选择器可以是标签名称、类选择器、ID 选择器。

例 3-5 定义和使用派生选择器,如图 3-7 所示。

图 3-7 派生选择器示例

扫一扫

```
<!DOCTYPE html PUBLIC "-//W3C//DTD XHTML 1.0 Transitional//EN"
"http://www.w3.org/TR/xhtml1/DTD/xhtml1-transitional.dtd">
<html>
<head>
<title>CSS 选择器的嵌套声明</title>
<style type="text/css">
p b{
font-size:18px;
    color:#CC0000;
    text-decoration:underline;        }
</style>
    </head>
    <body>
        <p>嵌套使<b>用 CSS</b>标签的方法</p>
        嵌套之外的<b>标签</b>不生效
    </body>
</html>
```

2. 伪类

伪类不属于选择器，它是让页面呈现丰富表现力的特殊属性。之所以称为"伪"，是因为它指定的对象在文档中并不存在，它们指定的是元素的某种状态。

应用最为广泛的伪类是链接的 4 个状态。

(1) 未访问链接状态(a:link)。

(2) 已访问链接状态(a:visited)。

(3) 鼠标指针悬停在链接上的状态(a:hover)。

(4) 被激活(在鼠标单击与释放之间发生的事件)的链接状态(a:active)。

例 3-6 为网页文字中的链接制作相应的样式，如图 3-8 所示。

图 3-8 伪类示例

扫一扫

```
<!DOCTYPE html PUBLIC "-//W3C//DTD XHTML 1.0 Transitional//EN"
"http://www.w3.org/TR/xhtml1/DTD/xhtml1-transitional.dtd">
<html>
<head>
```

```
<title>动态超链接</title>
<style>
<!--
body{
    cursor:pointer;}
.chara1{
    font-size:12px;
    background-color:#90bcff;}
.chara1 td{
    text-align:center;}
a:link{
    color:#005799;
    text-decoration:none; }
a:visited{
    color:#000000;
    text-decoration:none; }
a:hover{
    color:#FFFF00;
    text-decoration:underline;}
-->
</style>
    </head>
<body>
<table align="center" cellpadding="1" cellspacing="0">
    <tr><td><img src="90.jpg" border="0"></td></tr>
</table>
<table width="600px" cellpadding="2" cellspacing="2" class="chara1" align="center">
    <tr>
        <td><a href="#">首页</a></td>
        <td><a href="#">心情日记</a></td>
        <td><a href="#">Free</a></td>
        <td><a href="#">一起走到</a></td>
        <td><a href="#">从明天起</a></td>
        <td><a href="#">纸飞机</a></td>
        <td><a href="#">下一站</a></td>
    </tr>
</table>
</body>
</html>
```

另外，还有一些伪类在网页元素样式的控制上起到了很好的作用，详情请参考W3CHTML网站的介绍：http://www.w3chtml.com/css3/selectors/pseudo-classes/。

3. 群选择器

如果需要给多个元素使用相同的设定，可以使用群选择器，将选择器写在一起，用逗号将选择器分开，来避免重复定义样式。语法格式如下：

选择器,选择器...{ 属性:属性值;属性:属性值;属性:属性值;...}

例 3-7 群选择器的定义和使用,如图 3-9 所示。

图 3-9 群选择器示例

扫一扫

```
<!DOCTYPE html PUBLIC "-//W3C//DTD XHTML 1.0 Transitional//EN"
"http://www.w3.org/TR/xhtml1/DTD/xhtml1-transitional.dtd">
<html>
<head>
<title>集体声明</title>
<style type="text/css">
h1, h2, h3, h4, h5, p{          /*集体声明*/
    color:purple;               /*文字颜色*/
    font-size:15px;             /*字体大小*/
}
h2.special, .special, #one{     /*集体声明*/
    text-decoration:underline;  /*下画线*/
}
</style>
</head>
<body>
    <h1>群选择器 h1</h1>
    <h2 class="special">群选择器 h2</h2>
    <h3>群选择器 h3</h3>
    <h4>群选择器 h4</h4>
    <h5>群选择器 h5</h5>
    <p>群选择器 p1</p>
    <p class="special">群选择器 p2</p>
    <p id="one">群选择器 p3</p>
</body>
</html>
```

4. 通配符选择器

通配符 * 在很多场合被用作代表所有的内容,在 CSS 中也不例外。当需要对网页中所有元素进行统一设置时,通常采用通配符。

由于不同浏览器对于同样的页面元素有不同的默认样式,所以通常可以使用通配符星号(*)先将所有可能影响布局的默认样式统一一下。而星号(*)匹配所有元素,省去了一个一个去写元素名称的麻烦。其语法格式如下:

*{属性:属性值;属性:属性值;属性:属性值;...}

例 3-8 通配符选择器的定义和使用。

浏览效果除了显示的文字有区别外,样式与图 3-9 完全相同,但代码却大大缩减了,这种全局声明的方法在一些小页面中特别实用。

```
<!DOCTYPE html PUBLIC "-//W3C//DTD XHTML 1.0 Transitional//EN"
    "http://www.w3.org/TR/xhtml1/DTD/xhtml1-transitional.dtd">
<html>
<head>
<title>全局声明</title>
<style type="text/css">
*{
    color:purple;
    font-size:15px;          }
h2.special,.special,#one{
    text-decoration:underline;   }
</style>
    </head>
<body>
    <h1>群选择器 h1</h1>
    <h2 class="special">群选择器 h2</h2>
    <h3>群选择器 h3</h3>
    <h4>群选择器 h4</h4>
    <h5>群选择器 h5</h5>
    <p>通配符选择器 p1</p>
    <p class="special">群选择器 p2</p>
    <p id="one">群选择器 p3</p>
</body>
</html>
```

扫一扫

3.3 CSS 的使用方法

样式表中的样式是针对网页元素书写的,只有将样式应用在相应的网页元素上,并通过浏览器显示出来,才能让用户看到效果。有 3 种方法可以在站点网页上使用 CSS 样式。

行内样式:将样式直接写在各个网页元素的标签中,这种样式只对样式所在的元素起作用。

内嵌式:在网页<head>标签中创建嵌入的样式表,这种样式只针对样式表所在网页上的元素起作用。

外部样式:将样式写在单独的一个文件中,保存为".css"文件,通过链接或者导入的方式将外部样式表应用到网页上,这种方式可以使一个样式表作用在不同的网页上。

3.3.1 行内样式

行内样式是所有样式方法中最为直接的一种,它直接对 HTML 的标签使用 style 属性,然后将 CSS 代码直接写在其中。

行内样式基本语法如下:

```
<head>
...
</head>
<body>
...
<HTML 标签 style="样式属性:取值;样式属性:取值;...">
...
</body>
```

利用这种方法定义的样式,其效果只能控制某个标签,所以比较适用于指定网页中某小段文字的显示风格,或某个元素的样式。

例 3-9 行内样式示例,如图 3-10 所示。

图 3-10 行内样式示例

扫一扫

```
<!DOCTYPE html PUBLIC "-//W3C//DTD XHTML 1.0 Transitional//EN"
"http://www.w3.org/TR/xhtml1/DTD/xhtml1-transitional.dtd">
<html>
<head>
<title>行内样式</title>
</head>
<body>
    <p style="color:#FF0000; font-size:20px; text-decoration:underline;">正文内容 1</p>
    <p style="color:#000000; font-style:italic;">正文内容 2</p>
    <p style="color:#FF00FF; font-size:25px; font-weight:bold;">正文内容 3</p>
</body>
</html>
```

行内样式是最为简单的 CSS 使用方法,但由于需要为每一个标签设置 style 属性,因此后期维护成本很高,而且容易造成页面代码冗余,无法发挥样式表的优势,因此不推荐使用。

3.3.2 内嵌式

内嵌式就是将 CSS 样式代码写在<head>与</head>之间,并且用<style>和</style>标签进行声明。

内嵌式基本语法如下：

```
<head>
<style type="text/css">
<!--
选择器{样式属性:取值;样式属性:取值;...}
选择器{样式属性:取值;样式属性:取值;...}
...
-->
</head>
```

内嵌式就是将所有的样式表信息都列于 HTML 文件的头部，因此这些样式可以在整个 HTML 文件中调用。如果想对网页一次性加入样式表，即可选用该方法。

例 3-10　内嵌式示例，如图 3-11 所示。

```
<!DOCTYPE html PUBLIC "-//W3C//DTD XHTML 1.0 Transitional//EN"
"http://www.w3.org/TR/xhtml1/DTD/xhtml1-transitional.dtd">
<html>
<head>
<title>页面标题</title>
<style type="text/css">
p{   color:#FF00FF;
     text-decoration:underline;
     font-weight:bold;
     font-size:25px; }
</style>
</head>
<body>
<p>紫色、粗体、下画线、25px 的效果 1</p>
<p>紫色、粗体、下画线、25px 的效果 2</p>
<p>紫色、粗体、下画线、25px 的效果 3</p>
</body>
</html>
```

扫一扫

图 3-11　内嵌式示例

可以从例 3-9 中看到，所有 CSS 的代码部分被集中在了同一个区域，方便了后期的维护，页面本身也大大瘦身，但如果是一个网站，拥有很多的页面，对于不同页面上的<p>标签都希望采用同样的风格时，内嵌式就显得略微麻烦，维护成本也不低，因此仅适用于对特殊的页面设置单独的样式风格。

3.3.3　链接式

该方法将 CSS 样式写在单独的样式文件中，在网页<head>标签中可以通过<link>标签调用该样式文件。链接式 CSS 样式表是使用频率最高，也是最为实用的方法。它将 HTML 页面本身与 CSS 样式风格分离为两个或多个文件，可实现页面框架 HTML 代码与美工 CSS 代码的完全分离，使得前期制作和后期维护都十分方便。

链接式基本语法如下：

```
<head>
…
<link rel="stylesheet" type="text/css" href="样式表文件的地址">
</head>
…
```

CSS文件要和HTML文件一起发布到服务器上，这样在用浏览器打开网页时，浏览器会按照该HTML网页所链接的外部样式表来显示其风格。

例3-11　链接式示例，如图3-12所示。

扫一扫

```
<!DOCTYPE html PUBLIC "-//W3C//DTD XHTML 1.0 Transitional//EN"
    "http://www.w3.org/TR/xhtml1/DTD/xhtml1-transitional.dtd">
<html>
<head>
<title>页面标题</title>
<link href="1.css" type="text/css" rel="stylesheet">
    </head>
<body>
    <h2>CSS标题1</h2>
    <p>紫色、粗体、下画线、25px的效果1</p>
    <h2>CSS标题2</h2>
    <p>紫色、粗体、下画线、25px的效果2</p>
</body>
</html>
```

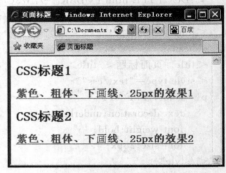

图3-12　链接式示例

然后创建文件1.css，如下所示：

```
h2 { color:#0000FF; }
p { color:#FF00FF;
    text-decoration:underline;
    font-weight:bold;
    font-size:20px;}
```

链接式样式表的最大优势在于CSS代码与HTML代码完全分离，并且同一个CSS文件可以被不同的HTML所链接使用。因此在设计整个网站时，可以将所有页面都链接到同一个CSS文件，使用相同的样式风格。如果整个网站需要进行样式上的修改，就仅仅只需修改这一个CSS文件即可。

3.3.4　导入样式

导入样式表与3.3.3小节提到的链接式样式表的功能基本相同，只是语法和运作方式上略有区别。

导入样式基本语法如下：

```
<head>
<style type="text/css">
```

```
@import url(外部样式表文件地址);
…
</style>
…
</head>
```

例 3-12 导入样式示例,如图 3-13 所示。

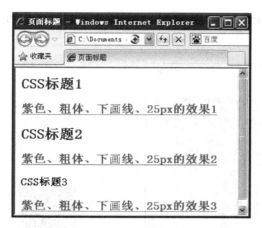

图 3-13 导入样式示例　　　　　　　　　　扫一扫

```
<!DOCTYPE html PUBLIC "-//W3C//DTD XHTML 1.0 Transitional//EN"
    "http://www.w3.org/TR/xhtml1/DTD/xhtml1-transitional.dtd">
<html>
<head>
<title>页面标题</title>
<style type="text/css">
@import url(1.css);
</style>
    </head>
<body>
    <h2>CSS 标题 1</h2>
    <p>紫色、粗体、下画线、25px 的效果 1</p>
    <h2>CSS 标题 2</h2>
    <p>紫色、粗体、下画线、25px 的效果 2</p>
    <h3>CSS 标题 3</h3>
    <p>紫色、粗体、下画线、25px 的效果 3</p>
</body>
</html>
```

采用 import 方式导入的样式表,在 HTML 文件初始化时,会被导入 HTML 文件内,作为文件的一部分,类似内嵌式的效果。而链接式样式表则是在 HTML 的标签需要格式时才以链接的方式引入。

3.3.5 用脚本来运用CSS样式

JavaScript与CSS都是标准Web的重要组成部分,CSS实现页面的表现,而JavaScript主要负责页面的行为。当两者相结合时通常是用JavaScript动态地加载或更换CSS来实现页面的变化。

例3-13 利用JavaScript脚本动态加载文字的同时,让文字CSS属性发生变化,如图3-14所示。

图3-14 用脚本来运用CSS样式示例

扫一扫

```
<!DOCTYPE html PUBLIC "-//W3C//DTD XHTML 1.0 Transitional//EN" "http://www.w3.org/TR/xhtml1/DTD/xhtml1-transitional.dtd">
<html>
<head>
<title>颜色渐变的文字</title>
<script language="javascript">
function Delta(sHex1,sHex2,iNum){
    //计算每个字的变化量
    var iHex1=parseInt("0x"+sHex1);
    var iHex2=parseInt("0x"+sHex2);
    return (iHex2 - iHex1)/(iNum-1);
}
function Colorful(sText,sColor1,sColor2){
  if(sText.length<=1){
    //如果只有一个字符,渐变无从谈起,直接输出并返回
    document.write("<font style='color:#"+sColor1+";'>"+sText+"</font>");
    return;
  }
  //RGB三色分离,分别获取变化的小量Delta
  var fDeltaR=Delta(sColor1.substring(0,2),sColor2.substring(0,2),sText.length);
  var fDeltaG=Delta(sColor1.substring(2,4),sColor2.substring(2,4),sText.length);
  var fDeltaB=Delta(sColor1.substring(4,6),sColor2.substring(4,6),sText.length);
  var sColorR=parseInt("0x"+sColor1.substring(0,2));
  var sColorG=parseInt("0x"+sColor1.substring(2,4));
  var sColorB=parseInt("0x"+sColor1.substring(4,6));
  for(var i=0;i<sText.length;i++){
    document.write("<font style='color:rgb("+Math.round(sColorR)+","+Math.round
```

```
        (sColorG) + "," + Math. round (sColorB) + ");'>" + sText. substring (i, i + 1) +
"</font>");
        /* 每输出 1 个字符,颜色的 3 个分量都有相应的变化
        当字符输出完成时,正好由 sColor1 变成 sColor2 */
        sColorR += fDeltaR;
        sColorG += fDeltaG;
        sColorB += fDeltaB;
    }
}
Colorful("春节(Spring Festival)是中国民间最隆重最富有特色的传统节日,它标志农历旧的一年结束和新的一年的开始。春节一般指除夕和正月初一。但在民间,传统意义上的春节是指从腊月初八的腊祭或腊月二十三或二十四的祭灶,一直到正月十五,其中以除夕和正月初一为高潮。在春节期间,我国的汉族和很多少数民族都要举行各种活动以示庆祝。这些活动均以祭祀神佛、祭奠祖先、除旧布新、迎禧接福、祈求丰年为主要内容。活动丰富多彩,带有浓郁的民族特色。","FF3300","3366FF");
</script>
</head>
<body>
</body>
</html>
```

3.4 CSS 应 用

3.4.1 长度单位和颜色单位

1. 长度单位

长度单位是 Web 网页设计中最常用的一个单位。在 CSS 中,长度是一种度量尺寸,用于宽度、高度、字号、字和字母间距、文本的缩排、行高、页边距、贴边、边框线宽以及许许多多的其他属性。

长度单位一般是一个由两个字母组成的单位缩写,例如 cm、pt、em 等。

(1) 绝对长度单位值

网页定义上常常使用的绝对长度单位值有厘米(cm)、毫米(mm)、英寸(in)、磅(pt)、派卡(pc)等,如表 3-1 所示。绝对长度值的使用范围比较有限,只有在完全知道外部输出设备的具体情况下,才使用绝对长度单位值。

表 3-1 绝对长度单位

单位	描述	单位	描述
in	英寸	pt	磅 (1 pt 等于 1/72 英寸)
cm	厘米	pc	12 点活字 (1 pc 等于 12 点)
mm	毫米		

(2) 相对长度值

每一个浏览器都有其默认的通用尺寸标准,这个标准可以由系统决定,也可以由用户按照自己的爱好进行设置。因此,这个默认值尺寸往往是用户觉得最适合的尺寸。CSS 支持下列 3 种长度的相对单位:em、ex、px,见表 3-2。

表 3-2 相对长度单位

单位	描述
em	1em 等于当前的字体尺寸
ex	字体尺寸的一半
px	像素（计算机屏幕上的一个点）

（3）百分比

百分比总是相对于另一个值来说的。那个值可以是长度单位或是其他的。每一个可以使用百分比值单位指定的属性同时也自定义了这个百分比值的参照值。大多数情况下，这个参照值是此元素本身的字体大小。要使用百分比，首先应该在所选择的选项后面的文本框中写符号部分，这个符号可以是"＋"（正号），表示正长度值，也可以是"－"（负号），表示负长度值。如果不写符号，那么默认值是"＋"。

在符号后紧接着是一个数值，符号后面可以输入任意值，但是由于在某些情况下，浏览器不能处理带小数的百分数，因此最好不用带小数的百分比。然后再在该选项的长度单位下拉列表框中选择"％"选项。

2. 颜色单位

定义颜色值最简单也最直接的方法是使用百分比值。在这种情况下，红、绿、蓝颜色值的等级用百分比数来确定。格式是"rgb(R％,G％,B％)"。使用百分比值来指定颜色还有一个好处是它能够声明一组真正的数字，不论它的值是多少。

指定颜色的另一种方法是使用范围在 0~255 之间的整数来设置。格式是"rgb(128,128,128)"。

定义颜色的第三种方法是使用十六进制数组定义颜色。这种定义的方法对于经常进行程序设计的人来说比较熟悉。定义颜色时使用 3 个前后按顺序排列的十六进制数组表示，例如"♯FC0EA8"。这种定义的方式就是形如♯RRGGBB 的格式，即在红、绿、蓝的位置上添上需要的十六进制值。

定义颜色最后一种方法也是最简单的方法是指定颜色的名称，也称颜色关键字。在 CSS 的颜色定义中，总共有 147 种颜色关键字。详细内容可查阅 CSS 手册。

3.4.2　CSS 设置字体

与字体相关的常用 CSS 属性包括 font-family（字体名称）、font-size（字体大小）、font-style（字体样式）、font-weight（字体粗细）、font-variant（小写字母转为大写字母）。

1. font-family：设置字体名称

计算机的系统里都预装了很多字体，使用 font-family 属性可以选择开发者想要使用的字体。代码如下：

font-family:字体 1,字体 2,…;

其中，字体 1 是优先选择的字体，如果该字体在用户的系统中不存在，那么浏览器就调用字体 2 指定的字体,依次类推。

2. font-size：设置字体大小

该属性可以设置字体的绝对大小或者相对大小。代码如下：

font-size：绝对大小或者相对大小；

绝对大小为用户指定文字的绝对大小,通常使用 pt 或者 in 作单位,但是会产生不同浏览器文字大小不一样的情况,造成视觉困扰；相对大小一般采用百分比的形式呈现,可以使页面的文字大小不管在何种浏览器下都能体现不同等级。

3. font-style：样式效果

该属性用来设置字体的倾斜效果。代码如下：

font-style：normal|italic|oblique；

其中,normal 为正常字体,不倾斜,是默认值；italic 为倾斜；oblique 为偏斜体。

例 3-14　字体、大小和样式的设置,如图 3-15 所示。

图 3-15　字体、大小和样式的设置　　　　　　　扫一扫

```
<!DOCTYPE html PUBLIC "-//W3C//DTD XHTML 1.0 Transitional//EN"
  "http://www.w3.org/TR/xhtml1/DTD/xhtml1-transitional.dtd">
<html xmlns="http://www.w3.org/1999/xhtml">
<head>
<meta http-equiv="Content-Type" content="text/html; charset=gb2312" />
<title>用 CSS 属性设置字体</title>
<style type="text/css">
<!--
.text1 {
    font-family: "华文行楷","楷体_GB2312";
    font-size: 20pt;
    color: #99CC00;
}
```

```css
.text2 {
    font-family: "方正静蕾简体", "宋体";
    font-size: 22px;
    color: #6699FF;
    font-style: italic;
}
.text3 {
    font-family: "华文隶书", "方正黄草_GBK";
    font-size: 26px;
    color: #CC99CC;
}
.text4 {
    font-family: Webdings, "Times New Roman";
    font-size: 1.2cm;
    color: #9DACBF;
}
-->
</style>
</head>
<body>
<div align="center">
<p class="text1">华文行楷,楷体_GB2312</p>
<p class="text2">方正静蕾简体,宋体</p>
<p class="text3">华文隶书,方正黄草_GBK</p>
<p class="text4">ABCDEFGHI</p>
</div>
</body>
</html>
```

4. font-weight:设置字体粗细

该属性用来设置字体的加粗情况。代码如下:

font-weight:normal|bold|bolder|lighter|100—900;

值中的前 4 项是系统给出的值。normal 是正常值,不加粗;bold 为粗体,字体粗细约为 700;bolder 比粗体更粗些,约为 900;lighter 比默认的字体细些;100~900 数字越小表示字体越细,数值越大字体越粗。

5. font-variant:以小型大写字体或正常字体显示

该属性用来将中文字体转换为较小的中文字体,将英文字体转换为大写且字体较小的英文字体。代码如下:

font-variant:normal|small-caps;

其中,normal 为默认值,是正常的字体;small-caps 是将小写英文字体转为大写英文字体。

例 3-15 字体粗细和以小型大写字体显示的设置,如图 3-16 所示。

图 3-16 字体粗细和以小型大写字体示例　　　　　扫一扫

```
<!DOCTYPE html PUBLIC "-//W3C//DTD XHTML 1.0 Transitional//EN"
  "http://www.w3.org/TR/xhtml1/DTD/xhtml1-transitional.dtd">
<html>
<head>
    <title>加粗、小型字体</title>
<style>
<!--
p{ font-size:18px; }
p.one{ font-weight:800; }
p.two{ font-variant:small-caps}
-->
</style>
    </head>

<body>
    <p>little font</p>
    <p class="one">little font</p>
    <p class="two">little font</p>
</body>
</html>
```

3.4.3 CSS 设置文本

与文本相关的常用属性有 color、direction、line-height、letter-spacing、text-align、text-decoration、text-indent、text-transform、word-spacing 等。

1. color：颜色

该属性用于设置文字的颜色。代码如下：

color:value;

上面介绍了颜色的 4 种单位：颜色名称、RGB 值、RGB 百分比值、十六进制数,在 color 属性设置时,value 值可以是这 4 种单位中的任何一种。

2. direction：规定文本的方向/书写方向。

该属性用于设置文本的方向或书写方向。代码如下：

```
direction: ltr | rtl | inherit;
```

其中,ltr 表示文本从左到右书写,是默认值;rtl 表示文本从右到左书写;inherit 表示文本的值不可继承。

3. line-height:行高

该属性用于设置行高,控制行间的距离。代码如下:

```
line-height:normal|比例|长度单位|百分比;
```

其中,normal 是默认值;比例是指相对于元素 font-size 设定大小的倍数;长度单位可利用绝对以及相对的值来设置高度;百分比是相对于元素 font-size 的百分比。比例、长度单位、百分比的值可以为正值,也可以为负值。正值表示距离拉大,负值表示距离缩短。

例 3-16 文本颜色、行高、方向的设置,如图 3-17 所示。

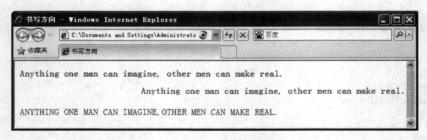

图 3-17 文字颜色、行高、方向的设置示例

扫一扫

```
<!DOCTYPE html PUBLIC "-//W3C//DTD XHTML 1.0 Transitional//EN"
 "http://www.w3.org/TR/xhtml1/DTD/xhtml1-transitional.dtd">
<html>
<head>
    <title>书写方向</title>
<style>
<!--
p{ font-size:17px;}
p.one{ direction: ltr ; }
p.two{ direction:rtl;color:blue; line-height: 0.5em; }
p.three{ direction:inherit;color:red; line-height: 2em; }
-->
</style>
    </head>
<body>
    <p class="one">Anything one man can imagine, other men can make real. </p>
    <p class="two">Anything one man can imagine, other men can make real. </p>
    <p class="three">ANYTHING ONE MAN CAN IMAGINE, OTHER MEN CAN MAKE
    REAL. </p>
</body>
</html>
```

4. text-align:规定文本的水平对齐方式

该属性用于控制文字段落的水平对齐方式。代码如下:

text-align:left|right|center|justify;

其中,left 为左对齐;right 为右对齐;center 为居中对齐;justify 为两端对齐。

5. text-decoration：文字装饰

该属性用于对文本进行修饰,比如添加下画线、顶线、删除线、文字闪烁等效果。代码如下：

text-decoration:underline|overline|line-through|blink|none;

其中,none 为默认值,不加任何效果;underline 为文字添加下画线;overline 为文字添加上顶线;line-through 为文字中间添加删除线;blink 为文字添加闪烁效果。

6. text-transform：转换英文字母大小写

该属性用于来转换英文字母的大小写形式。代码如下：

text-transform:capitalize|uppercase|lowercase|none;

其中,capitalize 将每个英文单词的首字母大写;uppercase 将每个英文字母转换为大写;lowercase 将每个英文字母转换为小写;none 为默认值,不改变大小写。

例 3-17　对齐、大小写转换、文本装饰的示例,如图 3-18 所示。

图 3-18　对齐、大小写转换、文字装饰的示例　　　　　　扫一扫

```
<!DOCTYPE html PUBLIC "-//W3C//DTD XHTML 1.0 Transitional//EN"
  "http://www.w3.org/TR/xhtml1/DTD/xhtml1-transitional.dtd">
<html xmlns="http://www.w3.org/1999/xhtml">
<head>
<meta http-equiv="Content-Type" content="text/html; charset=gb2312" />
<title>设置字母大小写和文本修饰</title>
<style type="text/css">
<!--
.tt1 {   text-transform: none;}
.tt2 {   text-transform: capitalize;}
.tt3 {   text-transform: uppercase;}
.tt4 {   text-transform: lowercase;}
```

```
    .td1 { text-decoration:none;}
    .td2 { text-decoration:line-through; text-align:center;}
    .td3 { text-decoration:overline;}
    .td4 { text-decoration:underline;text-align:right;}
    .td5 { text-decoration:overline underline;}
-->
</style>
</head>
<body>
<table width="372" border="1" align="center" cellpadding="4" cellspacing="0">
    <tr bgcolor="#CCCCCC">
        <th width="50%">设置字母大小写</th>
        <th width="50%">设置文本修饰</th>
    </tr>
    <tr style="line-height:1.8em;">
        <td><div class="tt1">原文：This is a test.</div>
        <div class="tt2">首字母大写：This is a test.</div>
        <div class="tt3">小写变大写：This is a test.</div>
        <div class="tt4">大写变小写：This is a test.</div></td>
        <td><div class="td1">无修饰</div>
        <div class="td2">删除线</div>
        <div class="td3">上画线</div>
        <div class="td4">下画线</div>
        <div class="td5">上画线和下画线</div></td>
    </tr>
</table>
```

7. word-spacing：设置单词间距

该属性用于设置英文单词之间的距离。代码如下：

word-spacing: normal|比例|长度单位|百分比；

该属性中的各值与 line-height 属性的值是一样的。

8. text-indent：规定文本块首行的缩进

该属性用于设置段落的首行缩进。代码如下：

text-indent:value；

其中，value 的值可以是长度单位、绝对单位或者相对单位，相对的是文本元素 font-size 大小；value 值也可以是百分比单位。value 值可有正负，正值表示向右缩进，负值表示向左突出。

9. letter-spacing：设置字符间距

该属性用于设置字母之间的距离。代码如下：

letter-spacing: normal|比例|长度单位|百分比；

该属性中的各值与 line-height 属性的值也是一样的。

例 3-18　字母间距、字间距、缩进的示例，如图 3-19 所示。

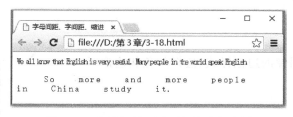

图 3-19　字母间距、字间距、缩进的示例　　　　　　扫一扫

```
<!DOCTYPE html PUBLIC "-//W3C//DTD XHTML 1.0 Transitional//EN"
"http://www.w3.org/TR/xhtml1/DTD/xhtml1-transitional.dtd">
<html>
<head>
    <title>字母间距、字间距、缩进</title>
<style>
<!--
p{ letter-spacing:-2pt }
p.one{ word-spacing:2em;text-indent:50px; letter-spacing:2pt ; }
-->
</style>
    </head>
<body>
    <p>We all know that English is very useful. Many people in the world speak English.</p>
    <p class="one"> So more and more people in China study it.　</p>
</body>
</html>
```

3.4.4　CSS 设置图像

通过 CSS 设置图像样式，即通过 CSS 定义样式设置图片的边框样式、边框颜色、边框粗细、图文混排等。

与图片相关的属性有 border-style、border-color、border-width 等。

1．border-style：设置图像的边框样式

对应的代码如下：

border-style:value;

2．border-color：设置图像的边框颜色

对应的代码如下：

border-color:value;

3. border-width：设置图像的边框宽度

对应的代码如下：

border-width：value；

例 3-19 通过 CSS 设置图像的边框样式、边框颜色和边框粗细。

```
<html>
<head>
<title>边框</title>
<style>
<!--
img.test1{
    border-style:dotted;      /*点画线*/
    border-color:#FF9900;     /*边框颜色*/
    border-width:6px;         /*边框粗细*/
}
img.test2{
    border-style:dashed;      /*虚线*/
    border-color:#000088;     /*边框颜色*/
    border-width:2px;         /*边框粗细*/
}
-->
</style>
</head>
<body>
    <img src="cartoon1.jpg" class="test1">
    <img src="cartoon1.jpg" class="test2">
</body>
</html>
```

本例 CSS 设置图像示例，如图 3-20 所示。

图 3-20 CSS 设置图像示例

3.4.5 CSS 设置背景

背景是 CSS 的一个重要组成部分，从生成的元素上看有两种：颜色背景和图像背景。

通过以下的属性进行管理：background-color、background-image、background-repeat、background-position、background-attachment。

1. background-color：设置背景颜色

在网页中，通常为网页和某些元素添加背景颜色，以达到美化网页的效果。代码如下：

background-color:value|transparent;

其中，value 是颜色值，可以使用各种颜色表述；transparent 表示透明，也是浏览器的默认值。

2. background-image：设置元素的背景图像

背景颜色可以提供简单的网页装饰，如果需要更复杂的视觉效果，那就需要用背景图像来完成。

该属性用于设置背景图像所用的图片。代码如下：

background-image:url(url value);

其中，url(url value)是背景图像的地址，可以是相对路径，也可以是绝对路径，甚至可以是网上的图片网址路径。

3. background-repeat：设置是否及如何重复背景图像

该属性用于设置背景图像的排列方式，通常和 background-image 一起使用。代码如下：

background-repeat:repeat-x|repeat-y|no-repeat;

其中，repeat-x 表示背景图像仅在 x 方向，也就是横向重复；repeat-y 表示背景图像在 y 方向，也就是纵向重复；no-repeat 表示背景图像不重复。当该属性不被设置时，表示背景图像在横向和纵向都重复。

例 3-20　重复背景设置的示例，如图 3-21 所示。

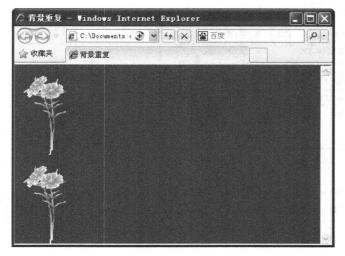

图 3-21　重复背景设置的示例

扫一扫

```
<!DOCTYPE html PUBLIC "-//W3C//DTD XHTML 1.0 Transitional//EN"
  "http://www.w3.org/TR/xhtml1/DTD/xhtml1-transitional.dtd">
<html>
<head>
<title>背景重复</title>
<style>
Body {padding:0px;
      margin:0px;
      background-image: url(3301.gif);
      background-repeat:repeat-y;
      background-color:#0066FF;         }
</style>
   </head>
<body>
</body>
</html>
```

4. background-position：设置背景图像的开始位置

该属性用于设置背景图像的开始位置,也需要与 background-image 一起使用。代码如下:

background-position:values1 values2;

其中,values1 和 values2 分别为两个值,用来设置背景图像距窗口边的距离,该值可以为百分数、长度值,也可以是位置关键字。百分数指的是背景图像的起始位置相对于它的上级窗口来说的百分数；长度值可以是绝对单位也可以是相对单位；位置关键字包括 top left 上左、top center 上中、top right 上右、center left 中左、center center 正中、center right 中右、bottom left 下左、bottom center 下中、bottom right 下右。使用这些关键字可以快速准确地设置背景图像的位置。

例 3-21 背景图像位置设置的示例,如图 3-22 所示。

图 3-22 背景图像位置设置的示例

扫一扫

```
<!DOCTYPE html PUBLIC "-//W3C//DTD XHTML 1.0 Transitional//EN"
  "http://www.w3.org/TR/xhtml1/DTD/xhtml1-transitional.dtd">
<html>
<head>
<title>背景的位置</title>
<style>
body{   background-image: url(3335.jpg);
```

```
                background-repeat:no-repeat;
                background-position:bottom right;
                background-color:#eeeee8;     }
        p{      margin:0px; font-size:14px;
                padding-top:10px;
                padding-left:6px; padding-right:8px;    }
        </style>
    </head>
    <body>
        <p><span>雪</span>是大气固态降水中的一种最广泛、最普遍、最主要的形式.大气固态降水是多种多样的,除了美丽的雪花以外,还包括能造成很大危害的冰雹,还有我们不经常见到的雪霰和冰粒.</p>
        <p>由于天空中气象条件和生长环境的差异,造成了形形色色的大气固态降水.这些大气固态降水的叫法因地而异,因人而异,名目繁多,极不统一.为了方便起见,国际水文协会所属的国际雪冰委员会,在征求各国专家意见的基础上,于1949年召开了一个专门性的国际会议,会上通过了关于大气固态降水简明分类的提案.这个简明分类,把大气固态降水分为10种:雪片、星形雪花、柱状雪晶、针状雪晶、多枝状雪晶、轴状雪晶、不规则雪晶、霰、冰粒和雹.前面的7种统称为雪.</p>
    </body>
</html>
```

5. background-attachment：设置背景图像是否固定或者随着页面的其余部分滚动

该属性用于设置背景图像是否固定或者随着页面的其余部分滚动,也是需要与background-image一起使用。代码如下:

background-attachment:scroll|fixed;

其中,scroll 表示背景图像随着内容的滚动而动,为默认值;fixed 表示背景图像不受滚动影响,固定不动。

6. background：背景综合设置属性

从上面的各属性可以看到,关于背景的设置有很多属性,为了便于设置,CSS 提供了一个可以同时设置背景相关内容的属性 background。代码如下:

background: background-attachment background-color background-image background-position background-repeat

该属性一次设置了 5 个背景属性。

例 3-22 背景综合设置示例,如图 3-23 所示。

图 3-23 背景综合设置示例

扫一扫

```html
<!DOCTYPE html PUBLIC "-//W3C//DTD XHTML 1.0 Transitional//EN"
    "http://www.w3.org/TR/xhtml1/DTD/xhtml1-transitional.dtd">
<html>
<head>
<title>背景综合设置</title>
<style>
body{ background: url(334.jpg) no-repeat fixed;           /*页面大背景*/}
div{
background:url(../chapter5/bg8.gif) repeat-y 5px 0px;     /*左侧小图标背景*/}
h1{ font-family:黑体;
    text-decoration:underline;   }
</style>
</head>
<body>
    <div>
        <h1>银杏的优点</h1>
    1. 叶色秀雅，花色清淡。<br>
    2. 树体高大，寿命绵长，树粗可达 4 米,寿命可达 3000 年之多.固长与古老寺庙相配伍,以名山大川、风景名胜为伴。<br>
    3. 树干光洁,愈伤力强,轻微的损伤很快便可愈合。<br>
    4. 发芽晚落叶早,有利于早春和晚秋树下能及时得到和煦的阳光。<br>
    </div>
</body>
</html>
```

3.4.6 CSS 设置超链接

在网页上,除了静态的图片、颜色这些美化网页的元素外,使用超链接动态交互效果,可以增加用户的体验。在前面的伪类选择器中,已经简单介绍了关于超链接的 4 种伪类状态,接下来详细讲解一下。

1. :link 和 :visited

:link 可以向未被访问的链接添加样式；:visited 向已被访问的链接添加样式。代码如下：

a 或者 a 的元素名 :link 或 {属性:属性值;...}

其中,a 表示所有超链接,但有时只对部分超链接使用样式,此时,可以对该部分超链接进行类或者 ID 名字定义。具有该属性的元素定义可以遵循派生选择器的书写方式,比如对于类名称为"part1"中的超链接进行样式设置时,可以这样写：

.part1 a:link{color:red;...}

2. :active 和 :hover

:active 向被激活的元素添加样式；:hover 当鼠标悬浮在元素上方时,向元素添加样式。

3.4.7 CSS 设置鼠标特效

在网页上,在操作鼠标时,当鼠标移动到不同的地方,或者鼠标执行不同的功能,或者系统处于不同的状态下,会希望鼠标显示出不同的形状,用来做出相应的表示。在 CSS 中,属性 cursor 可以用来设置鼠标的不同显示样式。代码如下:

cursor:value;

设置在对象上移动的鼠标指针采用何种系统预定义的光标形状。其值的意义如表 3-3 所示。

表 3-3　value 值的意义

属性值	描　　述	属性值	描　　述
default	默认值,箭头指针	s-resize	箭头朝下方
hand	手形	n-resize	箭头朝上方
move	移动	e-resize	箭头朝右方
crosshair	精确定位"十"字形	ne-resize	箭头朝右上方
help	帮助	nw-resize	箭头朝左上方
wait	等待	sw-resize	箭头朝左下方
text	文本选择	se-resize	箭头朝右下方
w-resize	箭头朝左方		

例 3-23　超链接、cursor 属性设置鼠标示例,如图 3-24 所示。

图 3-24　超链接、cursor 属性设置鼠标示例

扫一扫

```
<!DOCTYPE html PUBLIC "-//W3C//DTD XHTML 1.0 Transitional//EN"
  "http://www.w3.org/TR/xhtml1/DTD/xhtml1-transitional.dtd">
<html>
<head>
<title>超链接</title>
<style>
```

```
<!--
body{
    background:url(bg9.gif);
    margin:0px; padding:0px;
    cursor:pointer;}
.chara1{
    font-size:12px;
    background-color:#90bcff; }
.chara1 td{
    text-align:center;}
img{ width:600px; height:150px;}
a:link{
    color:#005799;
    text-decoration:none;  }
a:visited{
    color:#000000;
    text-decoration:none;  }
a:hover{
    color:#FFFF00;
    text-decoration:underline;  }
a:active{ color:#CC0000; text-decoration:none;}
a.help:hover{  cursor:help;}
-->
</style>
    </head>
<body>
<table align="center" cellpadding="1" cellspacing="0">
    <tr><td><img src="20120427040247990.jpg" width="3131" height="831"></td>
    </tr>
</table>
<table width="600px" cellpadding="2" cellspacing="2" class="chara1"
align="center">
    <tr>
        <td><a href="#">首页</a></td>
        <td><a href="#">红楼原著</a></td>
    <td><a href="#">红楼版本</a></td>
        <td><a href="#">红楼资料</a></td>
        <td><a href="#">红楼WIKI</a></td>
        <td><a href="#">红楼论坛</a></td>
        <td><a class="help" href="#">帮助</a></td>
    </tr>
</table>
</body>
</html>
```

3.4.8 CSS制作实用菜单

作为一个成功的网站,导航菜单是永远不可缺少的,导航菜单的样式风格往往也决定了整个网站的样式风格,本小节介绍通过项目列表制作导航栏的方法。

列表可以使相关的内容以一种整齐划一的方式排列显示。根据列表排列方式的不同，可以将列表分为有序列表、无序列表、定义列表3种。CSS列表属性允许放置、改变列表项的标志，或者将图像作为列表项标志。

1. **list-style-type**

该属性用于设置列表项标签的类型。代码如下：

list-style-type:disc|circle|square|decimal|lower-roman|upper-roman|lower-alpha|upper-alpha|none;

其中，disc为默认值，黑圆点；circle为空心圆点；square为黑色小方块；decimal为数字排序；lower-roman为小写罗马字排序；upper-roman为大写罗马字排序；lower-alpha为小写字母排序；upper-alpha为大写字母排序；none为无列表项的标签。

2. **list-style-image**

此属性将图像设置为列表项标签。代码如下：

list-style-image:url(图片位置);

图片位置可以为绝对地址，也可以为相对地址。

3. **list-style-position**

此属性设置列表项标签的放置位置。代码如下：

list-style-position:outside|inside;

其中，outside表示将列表项的标签放置在列表左边框的外侧，也就是以列表项内容为准对齐；inside则表示以列表项标签为准对齐。

4. **list-style**

该属性可以在一个声明中设置所有的列表属性。代码如下：

list-style: list-style-position list-style-type list-style-image;

例 3-24 利用项目列表制作菜单示例，如图3-25所示。

图 3-25　利用项目列表制作菜单示例　　　　扫一扫

<html>
<head>

```html
<title>实用导航</title>
<style>
<!--
body{
    background-color:#ffdee0;
}
#navigation {
    font-family:Arial;
}
#navigation ul {
    list-style-type:none;         /*不显示项目符号*/
    margin:0px;
    padding:0px;
}
#navigation li {
    float:left;                   /*水平显示各个项目*/
}
#navigation li a{
    display:block;                /*区块显示*/
    padding:3px 6px 3px 6px;
    text-decoration:none;
    border:1px solid #711515;
    margin:2px;
}
#navigation li a:link, #navigation li a:visited{
    background-color:#c11136;
    color:#FFFFFF;
}
#navigation li a:hover{           /*鼠标指针经过时*/
    background-color:#990020;     /*改变背景色*/
    color:#ffff00;                /*改变文字颜色*/
}
-->
</style>
</head>
<body>
<div id="navigation">
    <ul>
        <li><a href="#">Home</a></li>
        <li><a href="#">My Blog</a></li>
        <li><a href="#">Friends</a></li>
        <li><a href="#">Next Station</a></li>
        <li><a href="#">Contact Me</a></li>
    </ul>
</div>
</body>
</html>
```

综合案例,请扫一扫

课后练习

一、填空题

1. CSS 的语法结构仅由 3 部分组成：_____、_____、_____。
2. 添加 CSS 常用的方法有_____、_____、_____、_____。
3. _____一般位于 HTML 文件的头部，即<head>与</head>标签内，并且以<style>开始，以</style>结束，这些定义的样式就可以应用到页面中。
4. 在 HTML 中，设置文字的字体属性要通过<font>标签中的 face 属性，而在 CSS 中则使用_____属性。

二、设计题

按图 3-26 所示新建文件名为 form.htm 的网页，网页背景色为♯CCCCCC，插入表单，各表单域的信息如表 3-4 所示。

图 3-26　网页效果

表 3-4　各表单域的信息

所表示信息	类　　型	名　称	格式、有效性规则	选项按钮或下拉菜单中的值
姓名	文本框	name	宽度 10	
性别	两个单选按钮	sex		male、female
文化程度	下拉菜单	degree		小学、中学、大学

第4章

DOM 模 型

学习目标

了解 DOM 的概念。

了解 DOM 树的结构。

掌握 DOM 中元素的操作。

4.1 DOM 简 介

DOM 的全称是 document object model，即文档对象模型。在浏览器中，基于 DOM 的 HTML 分析器将一个页面转换成一个对象模型的集合（通常称为 DOM 树），浏览器正是通过对这个对象模型的操作，来实现对 HTML 页面的显示。通过 DOM 接口，JavaScript 可以在任何时候访问 HTML 文档中的任何一部分数据，并且可以实现对 HTML 元素进行添加、移动、改变或移除等操作，因此，利用 DOM 接口可以无限制地操作 HTML 页面。

DOM 接口提供了一种通过分层对象模型来访问 HTML 页面的方式，这些分层对象模型依据 HTML 的文档结构形成了一棵节点树。也就是说，DOM 强制使用树模型来访问 HTML 页面中的元素。由于 HTML 本质上就是一种分层结构，所以这种描述方法是相当有效的。

对于 HTML 页面开发来说，DOM 就是一个对象化的 HTML 数据接口，一个与语言无关、与平台无关的标准接口规范。它定义了 HTML 文档的逻辑结构，给出了一种访问和处理 HTML 文档的方法。利用 DOM，程序开发人员可以动态地创建文档，遍历文档结构，添加、修改、删除文档内容，改变文档的显示方式等。可以这样说，HTML 文档代表的是页面，而 DOM 则代表了如何去操作页面。无论是在浏览器里还是在浏览器外，无论是在服务器端上还是在客户端，只要有用到 HTML 的地方，就会碰到对 DOM 的应用。

DOM 规范与 Web 世界的其他标准一样受到 W3C 组织的管理，在其控制下为不同平台和语言使用 DOM 提供一致的 API，W3C 把 DOM 定义为一套抽象的类而非正式实现 DOM。目前，DOM 由 3 部分组成，包括核心（core）、HTML 和 XML（可扩展标签语言）。核心部分是结构化文档比较底层对象的集合，这一部分所定义的对象已经完全可以表达出任何 HTML 和 XML 文档中的数据了。HTML 接口和 XML 接口两部分则是专为操作具体的 HTML 文档和 XML 文档所提供的高级接口，使对这两类文件的操作更加方便。

4.2 DOM 编程基础

1. DOM 树的结构

前面讲过,DOM 提供的访问文档信息的媒介是一种分层对象模型,而这个层次的结构,则是一棵根据文档生成的节点树。在对文档进行分析之后,不管这个文档有多简单或者多复杂,其中的信息都会被转化成一棵对象节点树。在这棵节点树中,有一个根节点即 document 节点,所有其他的节点都是根节点的后代节点。节点树生成之后,就可以通过 DOM 接口访问、修改、添加、删除、创建树中的节点和内容。

DOM 把文档表示为节点(node)对象树。"树"这种结构在数据结构中被定义为一套互相联系的对象的集合,或者称为节点的集合,其中一个节点作为树结构的根(root)。节点被冠以相应的名称以对应它们在树里相对其他节点的位置。例如,某一节点的父节点就是树层次内比它高一级别的节点(更靠近根节点),而其子节点则比它低一级别;兄弟节点显然就是树结构中与它同级的节点了,不在它的左边就在它的右边。

2. DOM 模型中的节点

节点的概念最初来源于计算机网络,它代表着网络中的一个连接点,可以说网络就是由节点构成的集合。DOM 的情况很类似,文档可以说也是由节点构成的集合。因此 DOM 的逻辑结构可以用节点树的形式进行表述。通过浏览器的解析处理,HTML 文档中的元素便转化为 DOM 中的节点对象。

具体来讲,DOM 节点树中的节点有元素节点(element node)、文本节点(text node)和属性节点(attribute node)3 种不同的类型,下面具体介绍。

(1) 元素节点

在 HTML 文档中,各 HTML 元素如<body>、<p>、<ul>等构成文档结构模型的一个元素对象。在节点树中,每个元素对象又构成了一个节点。元素可以包含其他的元素,例如在下面的"购物内容"代码中:

```
<ul id="购买内容">
  <li>牛奶</li>
  <li>面包</li>
  <li>芝士</li>
</ul>
```

所有的列表项元素<li>都包含在无序清单元素<ul>内部。其中,节点树中<html>元素是节点树的根节点。

(2) 文本节点

在节点树中,元素节点构成树的枝条,而文本则构成树的叶子。如果一份文档完全由空白元素构成,它将只有一个框架,本身并不包含什么内容。没有内容的文档是没有价值的,而绝大多数内容由文本提供。在下面语句中:

```
<p>Welcome to<em> DOM </em>World! </p>
```

包含"Welcome to""DOM""World!"3个文本节点。在 HTML 中,文本节点总是包含在元素节点的内部,但并非所有的元素节点都包含或直接包含文本节点,如"购物内容"中,<ul>元素节点并不包含任何文本节点,而是包含着另外的元素节点,后者包含着文本节点,所以说,有的元素节点只是间接包含文本节点。

(3)属性节点

HTML 文档中的元素或多或少都有一些属性,便于准确、具体地描述相应的元素,便于进行进一步的操作,例如下面代码:

<h1 class="Sample">Welcome to DOM World!</h1>
<ul id="purchases">...</ul>

这里 class="Sample"、id="purchases"都属于属性节点。因为所有的属性都是放在元素标签里,所以属性节点总是包含在元素节点中。

注意:并非所有的元素都包含属性,但所有的属性都被包含在元素里。

任何格式良好的 HTML 页面中的每一个元素均有 DOM 中的一个节点类型与之对应。利用 DOM 接口获取 HTML 页面对应的 DOM 节点后,就可以自由地操作 HTML 页面了。

例 4-1 DOM 树的结构。

扫一扫

```
<html>
    <head>
        <title>文档标题</title>
    </head>
    <body>
        <a href=" ">我的链接</a>
        <h1>我的标题</h1>
    </body>
</html>
```

用 DOM 树结构来表示上面这段代码,如图 4-1 所示。

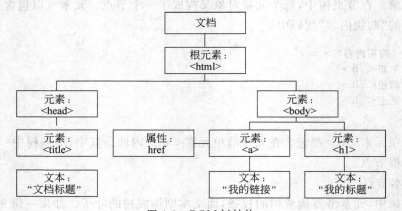

图 4-1 DOM 树结构

上面所有的节点彼此间都存在关系。

除文档节点之外的每个节点都有父节点。比如,head 和 body 的父节点是 html 节点,文本节点"我的标题"的父节点是 p 节点。

大部分元素节点都有子节点。比如,head 节点有一个子节点:title 节点;title 节点也有一个子节点:文本节点"文档标题"。

当节点分享同一个父节点时,它们就是同辈(同级节点)。比如,h1 和 a 是同辈,因为它们的父节点均是 body 节点。

节点也可以拥有后代,后代指某个节点的所有子节点,或者这些子节点的子节点,以此类推。比如,所有的文本节点都是 html 节点的后代,而第一个文本节点是 head 节点的后代。

节点也可以拥有先辈。先辈是某个节点的父节点,或者父节点的父节点,以此类推。比如,所有的文本节点都可把 html 节点作为先辈节点。

3. document 对象

每个载入浏览器的 HTML 页面都会成为 document 对象(即该 HTML 页面对应的 DOM)。document 对象使人们可以通过 JavaScript 对 HTML 页面中的所有元素进行访问。document 对象是 window 对象的一部分,可通过 window.document 属性对其进行访问。

document 对象代表一个浏览器窗口或框架中显示的 HTML 文件。浏览器在加载 HTML 文档时,为每一个 HTML 文档创建相应的 document 对象。document 对象是 window 对象的一个属性,引用它时,可以省略 window 前缀。document 拥有大量的属性和方法,结合了大量子对象,如图像对象、超链接对象、表单对象等。这些子对象可以控制 HTML 文档中的对应元素,使人们可以通过 JavaScript 对 HTML 页面中的所有元素进行访问。

通过 document 对象可以使用页面中的任何元素,也可以添加新元素、删除存在的元素。document 对象的属性如表 4-1 所示。

表 4-1 document 对象的属性

属 性 名	作 用
document.title	设置文档标题,等价于 HTML 的<title>标签
document.bgColor	设置页面背景色
document.fgColor	设置前景色(文本颜色)
document.linkColor	未单击过的链接颜色
document.alinkColor	激活链接(焦点在此链接上)的颜色
document.vlinkColor	已单击过的链接颜色
document.URL	设置 URL 属性从而在同一窗口打开另一网页
document.fileCreatedDate	文件建立日期,只读属性
document.fileModifiedDate	文件修改日期,只读属性
document.fileSize	文件大小,只读属性
document.cookie	设置和读出 cookie
document.charset	设置字符集,简体中文:GB2312

在处理文档时,有几个函数和属性可以用来获取元素信息,最常用的函数如下。
document.write():动态向页面写入内容。
document.createElement(tag):创建一个html标签对象。
document.getElementById(id):获得指定id值的对象。
document.getElementsByName(name):获得指定name值的对象集合。

4.3 DOM 节点操作

4.3.1 获取 DOM 中的元素

DOM 中定义了多种获取元素节点的方法,如 getElementById()、getElementsByName()、getElementsByTagName()和 getElementsByClassName()。如果需要获取文档中的一个特定的元素节点,最有效的方法是 getElementById()。

1. getElementById()

该方法通过元素节点的id,可以准确获得需要的元素节点,是比较简单快捷的方法。如果页面上含有多个相同id的元素节点,那么只返回第一个元素节点。

如今,已经出现了如 Prototype、MooTools 等多个 JavaScript 库,它们提供了更简便的方法:$(id),参数仍然是元素节点的 id。这个方法可以看作是 document.getElementById()的另外一种写法。在后面的章节中将详细介绍这些 JavaScript 库。

在此先来介绍如何通过 getElementById()获取元素节点。当需要操作 HTML 文档中的某个特定的元素时,最好给该元素添加一个 id 属性,为它指定一个(在文档中)唯一的名称,然后就可以用该 id 属性的值查找想要的元素节点。

例 4-2 getElementById() 方法的使用。

```
<html>
    <head>
        <title>4-2 使用 getElementById()</title>
        <script type="text/javascript">
            function getValue() {
                var x=document.getElementById("myHeader")
                alert(x.innerHTML)
            }
        </script>
    </head>
    <body>
        <h1 id="myHeader" onclick="getValue()">这是标题</h1>
        <p>单击标题,会提示出它的值。</p>
    </body>
</html>
```

在例 4-2 中,代码 document.getElementById("myHeader")取得 id 属性的值为 myHeader 的元素,即元素<h1>,通过语句 alert(x.innerHTML),实现单击元素<h1>显

示出它的内容"这是标题"。程序运行效果如图 4-2 所示。

图 4-2　通过 getElementById() 获取元素节点

2. getElementsByName()

getElementsByName(name)方法与 getElementById() 方法相似,但是它查询元素的 name 属性,而不是 id 属性。因为一个文档中的 name 属性可能不唯一(如 HTML 表单中的单选按钮通常具有相同的 name 属性),所以 getElementsByName() 方法返回的是元素节点的数组,而不是一个元素节点。然后,可以通过要获取节点的某个属性来循环判断是否为需要的节点。

例 4-3　getElementsByName()方法的使用。

```
<html>
    <head>
        <title>4-3getElementsByName()</title>
        <script type="text/javascript">
            function getElements() {
                var x=document.getElementsByName("myInput");
                alert(x.length);
            }
        </script>
    </head>
    <body>
        <input name="myInput" type="text" size="20" /><br />
        <input name="myInput" type="text" size="20" /><br />
        <input name="myInput" type="text" size="20" /><br />
        <input name="myInput" type="radio" value="" />
        <input name="myInput" type="button"><br />
        <input type="button" onclick="getElements()"
            value="名为 'myInput' 的元素有多少个?" />
    </body></html>
```

在例 4-3 中,代码 document.getElementsByName("myInput")获取了 name 为 myInput 的 input 元素节点数组,并通过 alert(x.length)语句将该数组的长度输出,输出的结果为 5。程序运行效果如图 4-3 所示。

3. getElementsByTagName()

该方法是通过元素的标签名获取节点,同样该方法也是返回一个数组。在获取元素节

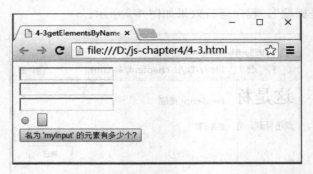

图 4-3 通过 getElementsByName() 获取元素节点数组

点之前,一般都是知道元素的类型的,所以使用该方法比较简单。但是缺点也是显而易见,那就是返回的数组可能十分庞大,这样就会浪费很多时间。它不是 document 对象的专有方法,还可以应用到其他的节点对象。其语法格式如下:

document.getElementsByTagName("标签名称");

或

document.getElementById('id').getElementsByTagName("标签名称");

获取节点数组时,通常要把此数组保存在一个变量中,例如:

var x=document.getElementsByTagName("li");

变量 x 就是包含着页面中所有 li 元素节点的数组,可通过它们的索引号来访问这些 li 元素节点,索引号从 0 开始,可以使用数组的 length 属性来循环遍历节点列表。

```
var oLi=document.getElementsByTagName("li");
    for (var i=0;i<x.length;i++){
    //这里可以操作相应的元素
}
```

要访问第三个 li 元素节点,可以这么写:

var y=x[2];

例 4-4 getElementsByTagName() 方法的使用。

扫一扫

```
<html>
<head>
<title>4-4getElementsByTagName()</title>
<script language="javascript">
function searchDOM(){
    var oLi=document.getElementsByTagName("li");
    alert(oLi.length + " " +oLi[0].tagName + " " + oLi[3].childNodes[0].nodeValue);
}
</script>
</head>
<body onload="searchDOM()">
    <ul>客户端语言
```

```
            <li>HTML</li>
            <li>JavaScript</li>
            <li>CSS</li>
        </ul>
        <ul>服务器端语言
            <li>ASP.NET</li>
            <li>JSP</li>
            <li>PHP</li>
        </ul>
    </body>
```

以上页面的正文部分由两个<ul>组成,分别包含一些项目列表,每个子项各有一些文本内容。通过getElementsByTagName("li")将所有的<li>标签取出,并选择性地访问,运行结果如图4-4所示。

4-4　通过getElementsByTagName()获取元素节点数组

getElementById()和getElementsByTagName()这两种方法可查找整个HTML文档中的任何HTML元素。但这两种方法会忽略文档的结构,假如需要查找文档中所有的p元素,getElementsByTagName()会把它们全部找到,不管p元素处于文档中的哪个层次。同时,getElementById()方法也会返回正确的元素节点,不论它被隐藏在文档结构中的什么位置。

例如,document.getElementsByTagName("p");会返回文档中所有p元素的一个节点数组,而document.getElementById('maindiv').getElementsByTagName("p");会返回所有p元素的一个节点列表,且这些p元素必须是id为maindiv的元素的后代。

4. getElementsByClassName()

该方法是通过元素所使用的样式类别名称获取节点,该方法也是返回一个数组。其语法格式如下:

document.getElementsByClassName("类别名称");

例4-5　getElementsByClassName()方法的使用。

```
<html>
<head>
<title>4-5getElementsByClassName()</title>
<script language="javascript">
function searchDOM(){
```

扫一扫

```
            var oLi=document.getElementsByClassName("ccc");
            alert(oLi.length+" "+oLi[0].tagName+" "+ oLi[2].childNodes[0].nodeValue);
        }
    </script>
</head>
<body onload="searchDOM()">
    <ul>客户端语言
        <li class="ccc">HTML</li>
        <li>JavaScript</li>
        <li class="ccc">CSS</li>
    </ul>
    <ul>服务器端语言
        <li>ASP.NET</li>
        <li>JSP</li>
        <li class="ccc">PHP</li>
    </ul>
</body>
</html>
```

程序运行效果如图 4-5 所示。

此方法实现了想要的功能,它可以获取具有指定 class 属性值的对象集合,但是令人遗憾的是具有浏览器兼容问题。以上代码可以在谷歌、火狐和 IE 8 以上的浏览器中完美运行,但是 IE 8 和

图 4-5 通过 getElementsByClassName() 访问节点

IE 8 以下的浏览器不支持此函数。虽然在将来低版本的 IE 浏览器退出市场之后,此函数肯定会意气风发,现在还是最好不要直接使用此函数。

4.3.2 节点的常用属性和方法

对于每一个 DOM 节点 node,都有一系列的属性、方法可以使用,这里将常用的罗列在表 4-2 中,供读者需要时查询。

表 4-2 node 的常用属性和方法

属性/方法	类型/返回类型	附加说明
nodeName	String	返回当前节点名字
nodeValue	String	返回当前节点的值,仅对文本节点
nodeType	Number	返回与节点类型相对应的值
firstChild	Node	指向 childNodes 列表中的第一个节点
lastChild	Node	指向 childNodes 列表中的最后一个节点
childNodes	NodeList	所有子节点的列表,方法 item(i) 可以访问第 i+1 个节点
parentNode	Node	指向当前节点的父节点,如果已是根节点,则返回 null
previousSibling	Node	指向前一个兄弟节点,如果该节点已经是第一个节点,则返回 null
nextSibling	Node	指向后一个兄弟节点,如果该节点已经是最后一个节点,则返回 null

续表

属性/方法	类型/返回类型	附 加 说 明
hasChildNodes()	Boolean	当 childNodes 包含一个或多个节点时,返回 true
attributes	NameNodeMap	返回当前节点(标签)属性的列表,仅用于元素节点
appendChild(node)	Node	将 node 节点添加到 childNodes 的末尾
removeChild(node)	Node	从 childNodes 中删除 node 节点
replaceChild（newnode, oldnode)	Node	将 childNodes 中的 oldnode 节点替换为 newnode 节点
insertBefore（newnode, refnode)	Node	在 childNodes 中的 refnode 节点之前插入 newnode 节点

4.3.3 检测节点类型

通过节点的 nodeType 属性可以检测出节点的类型。该属性返回一个代表节点类型的整数值,总共有 12 个可取的值,例如：

aler(document.nodeType);

以上代码的显示值为 9,标识 DOCUMENT_NODE 节点。然而实际上,对于大多数情况而言,真正有用的还是之前提到的 3 种节点：元素节点、文本节点和属性节点,它们的 nodeType 值分别如下。

(1) 元素节点的 nodeType 值为 1。
(2) 属性节点的 nodeType 值为 2。
(3) 文本节点的 nodeType 值为 3。

这就意味着可以对某种类型的节点做单独的处理,这在搜索节点时非常实用。

4.3.4 利用父子兄关系查找节点

父子兄关系是 DOM 模型中节点之间最重要的 3 种关系。

在获取了某个节点之后,可以通过父子关系,利用 hasChildNodes()方法和 childNodes 属性获取该节点所包含的所有子节点,如例 4-6 所示。

例 4-6 DOM 获取所有子节点。

扫一扫

```
<html>
<head>
<title>4-6 子节点遍历</title>
<script language="javascript">
function myDOMInspector(){
    var oUl=document.getElementById("sonList");      //获取<ul>标签
    var DOMString="";
    if(oUl.hasChildNodes()){                          //判断是否有子节点
        var oCh=oUl.childNodes;
        for(var i=0;i<oCh.length;i++)                 //逐一查找
```

```
            DOMString += oCh[i].nodeName + "\n";
        }
        alert(DOMString);
    }
</script>
</head>
<body onload="myDOMInspector()">
    <ul id="sonList">
        <li>乒乓球</li>
        <li>羽毛球</li>
        <li>足球</li>
        <li>篮球</li>
        <li>橄榄球</li>
    </ul>
</body>
</html>
```

这个例子的函数中首先获取<ul>标签,然后利用hasChildNodes()判断其是否有子节点,如果有则利用childNodes遍历它的所有节点。图4-6为IE浏览器和Chrome浏览器运行的结果,不仅显示了5个"li"子节点,同时连它们之间的空格也被当成子节点计算了进来。

这个问题一直存在,对于开发者而言,在编写DOM语句时应当引起注意,具体的处理方法稍后讲解(见例4-9)。

图 4-6　DOM 获取所有子节点

利用hasChildNodes()方法和childNodes属性,通过父节点可以轻松找到子节点,反过来也是一样的。利用parentNode属性,可以获得一个节点的父节点,如例4-7所示。

例 4-7　DOM 获取节点的父节点。

扫一扫

```
<html>
<head>
<title>parentNode</title>
<script language="javascript">
function myDOMInspector(){
    var myItem = document.getElementById("myDearball");
    alert(myItem.parentNode.tagName);
}
</script>
</head>
<body onload="myDOMInspector()">
    <ul>
        <li>乒乓球</li>
        <li>羽毛球</li>
        <li>足球</li>
        <li id="myDearball">篮球</li>
        <li>橄榄球</li>
    </ul>
```

```
</body>
</html>
```

在例 4-7 中,"document.getElementById("myDearball")"语句通过 id 方式找到语句"<li id="myDearball">篮球</li>"的元素节点<li>,然后再通过该节点的 parentNode 属性,成功获得该<li>节点的父节点,运行结果如图 4-7 所示。

图 4-7 利用 parentNode 属性获取节点的父节点

由于任何节点都拥有 parentNode 属性,只要搜索条件满足,子节点可以通过 parentNode 属性一直往上搜索,直到 body 为止,如例 4-8 所示。

例 4-8 使用 parentNode 属性。

```
<html>
<head>
<title>parentNode</title>
<script language="javascript">
function myDOMInspector(){
    var myItem=document.getElementById("myDearball");
    var parentElm=myItem.parentNode;
    while(parentElm.className !="ball" && parentElm !=document.body)
        parentElm=parentElm.parentNode;         //一路往上找
    alert(parentElm.tagName);
}
</script>
</head>
<body onload="myDOMInspector()">
<div class="ball">
    <ul>
        <li>乒乓球</li>
        <li>羽毛球</li>
        <li>足球</li>
        <li id="myDearball">篮球</li>
        <li>橄榄球</li>
    </ul>
</div>
</body>
</html>
```

在例 4-8 中,依然是通过"document.getElementById("myDearball")"语句找到代码语句"<li id="myDearball">篮球</li>"的元素节点<li>,然后再通过该节点的 parentNode 属性,成功获得该<li>节点的父节点,但如果这个父节点的类别样式不是"ball"则通过循环语句 while 语句一路往上搜索父节点,直到节点的 CSS 类名称为"colorful"或者 body 为止,运行结果如图 4-8 所示。

图4-8 利用parentNode属性获取满足一定条件的父节点

在DOM模型中父子关系属于两个不同层次之间的关系,而在同一个层中常用到的便是兄弟关系。DOM同样提供了一些属性和方法来处理兄弟之间的关系,简单的示例如例4-9所示。

例4-9 通过nextSibling和previousSibling属性访问兄弟节点。

```
<html>
<head>
<title>通过nextSibling和previousSibling属性访问兄弟节点</title>
<script language="javascript">
function nextSib(node){
    var tempLast=node.parentNode.lastChild;
    //判断是否是最后一个节点,如果是则返回null
    if(node==tempLast)
        return null;
    var tempObj=node.nextSibling;
    //逐一搜索后面的兄弟节点,直到发现元素节点为止
    while(tempObj.nodeType!=1 && tempObj.nextSibling!=null)
        tempObj=tempObj.nextSibling;
    //三目运算符,如果是元素节点则返回节点本身,否则返回null
    return (tempObj.nodeType==1)?tempObj:null;
}
function prevSib(node){
    var tempFirst=node.parentNode.firstChild;
    //判断是否是第一个节点,如果是则返回null
    if(node==tempFirst)
        return null;
    var tempObj=node.previousSibling;
    //逐一搜索前面的兄弟节点,直到发现元素节点为止
    while(tempObj.nodeType!=1 && tempObj.previousSibling!=null)
        tempObj=tempObj.previousSibling;
    return (tempObj.nodeType==1)?tempObj:null;
}
function myDOMInspector(){
    var myItem=document.getElementById("myDearball");
    //获取后一个元素兄弟节点
    var nextListItem=nextSib(myItem);
    //获取前一个元素兄弟节点
    var preListItem=prevSib(myItem);
    alert("后一项:" + ((nextListItem!=null)?nextListItem.firstChild.nodeValue:null) + " 前一项:" + ((preListItem!=null)?preListItem.firstChild.nodeValue:null));
}
```

```
    </script>
</head>
<body onload="myDOMInspector()">
    <ul>
        <li>乒乓球</li>
        <li>羽毛球</li>
        <li>足球</li>
        <li id="myDearball">篮球</li>
        <li>橄榄球</li>
    </ul>
</body>
</html>
```

以上代码采用 nextSibling 和 previousSibling 属性访问兄弟节点,在 IE 浏览器和 Chrome 浏览器中的浏览效果均如图 4-9 所示。

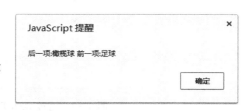

图 4-9　通过 nextSibling 和 previousSibling 属性访问兄弟节点

细心的读者可能发现了这样一段代码"tempObj.nodeType!=1",该代码中 nodeType 属性对节点类型进行判断,如果节点类型不为 1,则代表着该节点不是元素节点,然后接着搜索,直到发现元素节点为止。如此,很多浏览器中的空格节点问题就得到了很好的解决。前面例 4-6 中的问题便迎刃而解。修改后的程序如例 4-10 所示。

例 4-10　通过 nodeType 属性消除空格节点的影响。

扫一扫

```
<html>
<head>
<title>4-10 消除空格节点</title>
<script language="javascript">
function myDOMInspector(){
    var oUl=document.getElementById("sonList");
    var DOMString="";
    if(oUl.hasChildNodes()){
        var oCh=oUl.childNodes;
        for(var i=0;i<oCh.length;i++)
            if (oCh[i].nodeType==1)          //判断节点是否为元素节点
                DOMString+=oCh[i].nodeName + "\n";
    }
    alert(DOMString);
}
</script>
</head>
<body onload="myDOMInspector()">
    <ul id="sonList">
        <li>乒乓球</li>
        <li>羽毛球</li>
        <li>足球</li>
        <li>篮球</li>
        <li>橄榄球</li>
```

```
</ul>
</body>
</html>
```

最终浏览效果如图 4-10 所示。

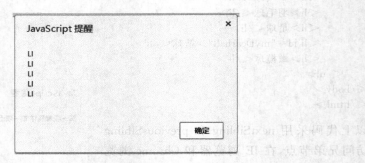

图 4-10 通过 nodeType 属性消除空格节点的影响

4.3.5 设置节点属性

在找到需要的节点之后通常希望对其属性做相应的设置，DOM 定义了两个便捷的方法来查询和设置节点的属性，即 getAttribute()方法和 setAttribute()方法。

getAttribute()方法是一个函数，它只有一个参数即要查询的属性名称。需要注意的是该方法不能通过 document 对象调用，只能通过一个元素节点对象来调用。下面的例 4-11 用来获取图片的 title 属性。

例 4-11 用 getAttribute()方法获取节点的属性。

```
<html>
<head>
<title>4-11getAttribute()</title>
<script language="javascript">
function myDOMInspector(){
    //获取图片
    var myImg=document.getElementsByTagName("img")[0];
    //获取图片的 title 属性
    alert(myImg.getAttribute("title"));
}
</script>
</head>
<body onload="myDOMInspector()">
<img src="莫高窟.jpg" title="莫高窟" width="600px" height="400px" />
</body>
</html>
```

以上代码首先通过 getElementsByTagName()方法在 DOM 中将图片找到，然后再利用 getAttribute()方法读取图片的 title 属性，运行结果如图 4-11 所示。

除了获取属性外，另外一个方法 setAttribute()可以修改节点的相关属性。该方法接收两个参数，第一个参数为属性的名称，第二个参数为要修改的值，如例 4-12 所示。

图 4-11 用 getAttribute()方法获取节点的属性

例 4-12 用 setAttribute()方法设置节点的属性。

扫一扫

```
<html>
<head>
<title>4-12 setAttribute()</title>
<script language="javascript">
function changePic(){
    //获取图片
    var myImg=document.getElementsByTagName("img")[0];
    //设置图片 src 和 title 属性
    myImg.setAttribute("src","沙漠.jpg");
    myImg.setAttribute("title","沙漠");
    myImg.setAttribute("width","300px");
    myImg.setAttribute("height","200px");
}
</script>
</head>
<body>
<img src="莫高窟.jpg" title="莫高窟" width="600px" height="400px" onclick="changePic()" />
</body>
</html>
```

以上代码为<img>标签增添了 onclick 函数,单击图片后再利用 setAttribute()方法来替换图片的 src、title、width、height 属性,从而实现了单击切换的效果,图 4-12(a)是单击前的效果,图 4-12(b)是单击后的效果。

这种单击图片直接更换的效果也是网络相册上经常使用的,通过 setAttribute()方法更新元素的各种属性来获得友好的用户体验。

4.3.6 创建和添加节点

除了查找节点并处理节点的属性外,DOM 同样提供了很多便捷的方法来管理节点,主

(a) 单击前　　　　　　　　　　　　　　(b) 单击后

图 4-12　用 setAttribute() 方法设置节点的属性

要包括创建、删除、替换和插入等操作。

创建节点的过程在 DOM 中比较规范,而且对于不同类型的节点方法还略有区别。例如,创建元素节点采用 createElement(),创建文本节点采用 createTextNode(),创建文档碎片节点采用 createDocumentFragment(),等等。假设有如下 HTML 文档:

```
<html>
<head>
<title>创建新节点</title>
</head>
<body>
</body>
</html>
```

希望在<body>中动态地添加如下代码:

```
<p>这是一段感人的故事</p>
```

便可以利用刚才提到的两个方法来完成,首先利用 createElement() 创建<p>元素,代码如下:

```
var oP=document.createElement("p");
```

利用 createTextNode() 方法创建文本节点,并利用 appendChild() 方法将其添加到 oP 节点的 childNodes 列表的最后,代码如下:

```
var oText=document.createTextNode("添加一个段落");
oP.appendChild(oText);
```

最后再将已经包含了文本节点的元素<p>节点添加到<body>中,仍然采用 appendChild() 方法,代码如下:

```
document.body.appendChild(oP);
```

这样便完成了<body>中<p>元素的创建,如果希望考察 appendChild() 方法添加对象的位置,可以在<body>中预先设置一段文本,就会发现 appendChild() 方法添加的位置永远是在节点 childNodes 列表的尾部。完整代码如例 4-13 所示。

例 4-13 DOM 创建并添加新节点。

```
<html>
<head>
<title>4-13 创建新节点</title>
<script language="javascript">
function createP(){
    var oP=document.createElement("p");
    var oText=document.createTextNode("添加一个段落");
    oP.appendChild(oText);
    document.body.appendChild(oP);
}
</script>
</head>
<body onload="createP()">
<p>事先写一行文字在这里,测试appendChild()方法的添加位置</p>
<p>事先写一行文字在这里,测试appendChild()方法的添加位置1</p>
<p>事先写一行文字在这里,测试appendChild()方法的添加位置3</p>
</body>
</html>
```

扫一扫

代码运行结果如图 4-13 所示,<p>标签被成功地添加到了<body>的末尾。

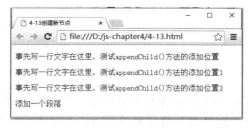

图 4-13 DOM 创建并添加新节点

4.3.7 删除节点

DOM 能够添加节点自然也能够删除节点。删除节点是通过父节点的 removeChild() 方法来完成的,通常的方法是找到要删除的节点,然后利用 parentNode 属性找到父节点,然后将其删除,如例 4-14 所示。

例 4-14 DOM 删除节点。

扫一扫

```
<html>
<head>
<title>4-14 删除节点</title>
<script language="javascript">
function deleteP(){
    var oP=document.getElementsByTagName("p")[0];
    oP.parentNode.removeChild(oP);            //删除节点
}
</script>
```

```
</head>
<body>
<p onclick="deleteP()">这行文字你一会儿就看不到了</p>
<p>这行文字一直在</p>
</body>
</html>
```

以上代码十分简洁,运行之后浏览器中能看到两行文字,但只要在第一行文字上单击,第一行文字就没了,其原因就是在第一行文字上添加了行为"onclick="deleteP()""。deleteP()函数通过代码"var oP=document.getElementsByTagName("p")[0];"找到第一个段落标签<p>,即第一行文字;通过代码"oP.parentNode.removeChild(oP);"删除第一行文字。

图 4-14(a)和图 4-14(b)是第一行文字单击前后的对比。

图 4-14　DOM 删除节点

4.3.8　替换节点

有时不光是添加和删除,而是需要替换页面中的某个元素,DOM 提供了 replaceChild()方法来完成这项任务。该方法同样是针对要替换节点的父节点来操作的,如例 4-15 所示。

例 4-15　通过 replaceChild()方法替换节点。

```
<html>
<head>
<title>4-15 替换节点</title>
<script language="javascript">
function replaceP(){
    var oOldP=document.getElementsByTagName("p")[0];
    var oNewP=document.createElement("p");
    var oText=document.createTextNode("我来替代原先的文字");
    oNewP.appendChild(oText);
    oOldP.parentNode.replaceChild(oNewP,oOldP);    //替换节点
}
</script>
</head>
<body onload="replaceP()">
<p>这行文字被替换了</p>
</body>
</html>
```

以上代码首先创建了一个新的<p>节点,然后利用 oOldP 父节点的 replaceChild()方

法将 oOldP 替换成了 oNewP，运行结果如图 4-15 所示。

图 4-15　通过 replaceChild() 方法替换节点

4.3.9　在特定节点前插入节点

例 4-13 中新创建的元素<p>插入到<body>子节点列表的末尾，如果希望这个节点能够插入到已知节点之前，则可以采用 insertBefore() 方法。与 replaceChild() 方法一样，该方法同样接收两个参数，一个参数是新节点，另一个参数是目标节点，如例 4-16 所示。

例 4-16　在已知节点前插入新节点。

```
<html>
<head>
<title>4-16 在已知节点前插入节点</title>
<script language="javascript">
function insertP(){
    var oOldP=document.getElementsByTagName("p")[0];
    var oNewP=document.createElement("p");          //新建节点
    var oText=document.createTextNode("在已知节点前插入新节点");
    oNewP.appendChild(oText);
    oOldP.parentNode.insertBefore(oNewP,oOldP);     //插入节点
}
</script>
</head>
<body onload="insertP()">
<p>插入到这行文字之前</p>
</body>
</html>
```

以上代码同样是新建一个元素节点，然后利用 insertBefore() 方法将节点插入到目标节点之前，运行结果如图 4-16 所示。

图 4-16　在已知节点前插入新节点

通常将节点添加到实际页面中时，页面就会立即更新并反映出这个变化。对于少量的更新前面介绍的方法是非常实用的，而一旦添加的节点非常多时，页面执行的效率就会很低。通常解决方法是创建一个文档碎片，把新的节点先添加到该碎片上，然后再一次添加到实际的页面中，如例 4-17 所示。

例 4-17　用 DOM 的文档碎片提高页面执行效率。

```
<html>
<head>
<title>4-17 文档碎片</title>
```

```
<style type="text/css">
P { padding:2px;   margin:0px;   }
</style>
<script language="javascript">
function insertPs(){
    var aColors=["red","green","blue","magenta","yellow","chocolate","black","aquamarine","lime"," fuchsia "," brass "," azure "," brown "," bronze "," deeppink "," aliceblue "," gray ","copper","coral","feldspar","orange","orchid","pink","plum","quartz","purple"];
    var oFragment=document.createDocumentFragment();
    for(var i=0;i<aColors.length;i++){
        var oP=document.createElement("p");
        var oText=document.createTextNode(aColors[i]);
        oP.appendChild(oText);
        oFragment.appendChild(oP);
    }
    document.body.appendChild(oFragment);
}
</script>
</head>
<body onload="insertPs()">
</body>
</html>
```

以上代码的运行结果如图 4-17 所示，执行的效率非常高。

图 4-17　用 DOM 的文档碎片提高页面执行效率

4.3.10　在特定节点后插入节点

DOM 提供的插入方法中只能往目标元素之前用 insertBefore()插入新的元素，或者是利用 appendChild()方法在父元素的 childNodes 末尾添加新元素。实际中往往需要往某个特定元素之后插入新的元素，而 DOM 本身没有提供 insertAfter()方法。但是完全可以利用现有的知识自行编写，代码如下：

```
function insertAfter(newElement, targetElement){
    var oParent=targetElement.parentNode;           //首先找到目标元素的父元素
    if(oParent.lastChild==targetElement)            //如果目标元素已经是最后一个子元素
        oParent.appendChild(newElement);            /*则直接用 appendChild()加到子元素列表的最后*/
    else                                            //否则用 insertBefore()插入目标元素的下一个兄弟元素之前
```

```
        oParent.insertBefore(newElement,targetElement.nextSibling);
    }
```

以上函数的每一行代码都有注释,思路十分清晰,即首先判断目标节点是否是其父节点的最后一个子节点,如果是则直接用 appendChild()方法,否则利用 nextSibling 找到下一个兄弟节点,然后再用 insertBefore()。完整代码如例 4-18 所示。

例 4-18　在特定节点后插入节点。

```
<html>
<head>
<title>例 4-18 在特定节点后插入节点</title>
<script language="javascript">
function insertAfter(newElement,targetElement){
    var oParent=targetElement.parentNode;
    if(oParent.lastChild==targetElement)
        oParent.appendChild(newElement);
    else
        oParent.insertBefore(newElement,targetElement.nextSibling);
}
function insertP(){
    var oOldP=document.getElementById("pTarget");
    var oNewP=document.createElement("p");           //新建节点
    var oText=document.createTextNode("我要插入段落 P1 和 P2 之间");
    oNewP.appendChild(oText);
    insertAfter(oNewP,oOldP);                        //插入节点
}
</script>
</head>
<body onload="insertP()">
    <p id="pTarget">我是段落 P1</p>
    <p>我是段落 P2</p>
</body></html>
```

以上代码的运行结果如图 4-18 所示,可以看到新建的元素<p>成功地插入了目标元素之后,十分实用。

图 4-18　在特定节点后插入节点

4.4 使用非标准 DOM innerHTML 属性

innerHTML 属性表示某个标签之间的所有内容,包括代码本身。该属性可以读取,同时可以设置。innerHTML 属性虽然不属于标准 DOM 方法,但由于使用方便,也得到了目前主流浏览器的支持。

例 4-19 使用标签的 innerHTML 属性。

```
<html>
<head>
<title>innerHTML</title>
<script language="javascript">
function myDOMInnerHTML(){
    var myDiv=document.getElementById("myTest");
    alert(myDiv.innerHTML);              //直接显示 innerHTML 的内容
    //修改 innerHTML,可直接添加代码
    myDiv.innerHTML="<img src='莫高窟.jpg' title='莫高窟'>";
}
</script>
</head>
<body onload="myDOMInnerHTML()">
<div id="myTest">
    <span>初识内容 1</span>
    <p>初识内容 2</p>
</div>
</body></html>
```

以上代码首先读取文档中<div>块的 innerHTML 属性,可以看到该属性包含了所有<div>标签中的内容,包括代码,如图 4-19(a)所示。在读取该属性的内容后,以上代码又直接修改了<div>块的 innerHTML 属性,将其替换成一幅图片,运行结果如图 4-19(b)所示。

(a) 读取属性　　　　　　　　　　　　(b) 替换成图片

图 4-19 使用标签的 innerHTML 属性

4.5 DOM 与 CSS

CSS 是通过标签、类型、ID 等来设置元素的样式风格的,DOM 则是通过 HTML 的框架来实现各个节点操作的。单从对 HTML 页眉的结构分析来看,两者是完全相同的。本节再次回顾标准 Web 三位一体的页面结构,并简单介绍 className 的运用。

4.5.1 三位一体的页面

在前面曾经提到过结构、表现、行为三者的分离,如今对 JavaScript、CSS 和 DOM 有了新的认识,再重新审视以下这种思路,会觉得更加清晰。

网页的结构(structure)层由 HTML 或者 XHTML 之类的标签语言负责创建,标签(tag)对页面各个部分的含义做出描述。例如,<ul>标签表示这是一个无序的项目列表,代码如下:

```
<ul>
    <li>足球</li>
    <li>篮球</li>
    <li>羽毛球</li>
</ul>
```

页面的表现(presentation)层由 CSS 来创建,即如何显示这些内容。例如,采用蓝色,字体为 Arial,粗体显示,代码如下:

```
.ysUL1{
    color:#0000FF;
    font-family:Arial;
    font-weight:bold;   }
```

行为(behavior)层负责内容应该如何对事件做出反应,这正是 JavaScript 和 DOM 所完成的,例如当用户单击项目列表时,弹出对话框,代码如下:

```
function check(){
    var oMy=document.getElementsByTagName("ul")[0];
    alert( "你单击了这个项目列表");   }

<ul onclick="check()" class="ysUL1">
    <li>足球</li>
    <li>篮球</li>
    <li>羽毛球</li>
</ul>
```

网页的表现层和行为层总是存在的,即使没有明确地给出具体的定义和指令。因为 Web 浏览器会把它的默认样式和默认事件加载到网页的结构层上。例如,浏览器会在呈现文本的地方弹出 title 属性的提示框,等等。

当然这 3 种技术也有一定的重叠,例如用 DOM 来改变页面的结构层、createElement()

等。CSS 中也有 hover 这样的伪属性来控制鼠标指针滑过某个元素时的样式。

到此可以发现结构、样式、行为对于网站而言是缺一不可的。

4.5.2 使用 className 属性

前面提到的 DOM 都是与结构层打交道的，例如，查找节点、添加节点等，而 DOM 还有一个非常实用的 className 属性，可以修改一个节点的 CSS 类别，如例 4-20 所示。

例 4-20 用 className 属性修改节点的 CSS 类别。

```html
<html>
<head>
<title>例 4-20className 属性</title>
<style type="text/css">
.ysUL1{
    color:#0000FF;
    font-family:Arial;
    font-weight:bold;
}
.ysUL2{
    color:#FF0000;
    font-family:Georgia, "Times New Roman", Times, serif;
}
</style>
<script language="javascript">
function check(){
    var oMy=document.getElementsByTagName("ul")[0];
    oMy.className="ysUL2";   }
</script>
</head>
<body>
<ul onclick="check()" class="ysUL1">
    <li>足球</li>
    <li>篮球</li>
    <li>羽毛球</li>
</ul>
</body></html>
```

图 4-20 用 className 属性修改节点的 CSS 类别

例 4-20 中，当浏览网页并单击列表时，会发现列表的样式发生了改变，其实就是将<ul>标签的 className 属性进行了修改，用 ysUL2 覆盖了 ysUL1，可以看到项目列表的颜色、字体和粗细均发生了变化，如图 4-20 所示。

从例 4-20 中也很清晰地看到，修改 className 属性是对 CSS 样式进行替换，而不是添加，但很多时候并不希望将原有的 CSS 样式覆盖，这时完全可以采用追加的方式，前提是保证追加的 CSS 类别中的各个属性与原先的属性不重复，代码如下：

```
oMy.className+="myUL2";
```

例 4-21 追加 CSS 类别。

```
<html>
<head>
<title>4-21 追加 CSS 类别</title>
<style type="text/css">
.ysUL1{
    color:#0000FF;
    font-family:Arial;
    font-weight:bold;
}
.ysUL2{
    text-decoration:underline;
}
</style>
<script language="javascript">
function check(){
    var oMy=document.getElementsByTagName("ul")[0];
    oMy.className +=" ysUL2";                    //追加 CSS 类
}
</script>
</head>

<body>
    <ul onclick="check()" class="ysUL1">
        <li>足球</li>
        <li>篮球</li>
        <li>羽毛球</li>
    </ul>
</body>
</html>
```

运行时单击项目列表后，实际上<ul>的 class 属性变为：

<ul onclick="check()" class="ysUL1 ysUL2">

代码的显示效果既保持了 ysUL1 中的所有设置，又追加了 ysUL2 中所设置的下画线，如图 4-21 所示。

图 4-21 追加 CSS 类别

综合案例，请扫一扫

课后练习

1. 在 kehou1.html 网页中添加行为代码，实现单击不同的图片显示不同图片的样式介绍（如单击图片1，弹出窗口显示该图片所用的样式为 test1）。

2. 在 kehou2.html 网页中添加行为代码，实现删除第二段文字。

3. 在 kehou3.html 网页中添加行为代码，实现单击图片后将图片替换为 grape.jpg。

4. 在 kehou4.html 网页中添加行为代码，实现单击图片后在图片后添加一段文字"这是葡萄"。

第5章

JavaScript中的对象

学习目标

掌握 JavaScript 的语法规则。

熟练掌握 JavaScript 的编程方法。

5.1 对象的基本概念

JavaScript 是面向对象的编程语言（OOP），因此其提供了非常强大的对象功能。JavaScript 中的所有事物都是对象：字符串、数字、数组、日期等，很多实用性的功能必须依靠对象才能实现。

1. 对象的属性和方法

对象可以看成是一种特殊的数据，每一个对象都包括众多的属性和方法。属性是指与对象有关的值，其表现形式一般是变量；方法指对象可以执行的行为，其表现形式一般是函数。在面向对象的语言中，属性和方法常被称为对象的成员。

例如，飞机就是现实生活中的对象。飞机的属性包括机型、大小、载客量、航程等。飞机的方法包括起飞、降落、航行等。

2. 对象的创建

JavaScript 提供了很多已经定义好的内部对象，也允许用户自定义对象。语法格式如下：

对象名称＝new Object()；
对象名称.属性＝值；
对象名称.方法名＝function(){
　　//为对象添加方法
}

访问对象的属性和方法如下：

对象名称.属性
对象名称.方法名()

例 5-1 创建一个飞机对象，并添加 3 个属性和 2 个方法。

\<html\>
\<head\>

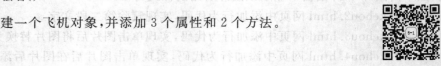

扫一扫

```
<meta http-equiv="Content-Type" content="text/html; charset=utf-8" />
<title>创建对象</title>
<script type="text/JavaScript">
var plane=new Object();
plane.name="波音747";                              //为对象添加属性
plane.passengers="360~400人";
plane.Distance="13570千米";
plane.fly=function(){                              //为对象添加方法
    document.write("飞行目的地：佛罗里达州<br>");
}
plane.flytime=function(){
    document.write("飞行时间：17个小时<br>");
}
</script>
</head>
<body>
<script type="text/javascript">
document.write(plane.name+"<br>");
plane.fly();
plane.flytime();
</script>
</body>
</html>
```

显示效果如图5-1所示。

图5-1 创建对象

5.2 内置对象

JavaScript提供多个内置对象，比如，String、Date、Array等。这些对象不用自己定义可以直接创建并调用。

5.2.1 字符串对象

字符串对象（String）用于处理文本，即字符串类型的数据。

1. 字符串对象的创建

创建字符串对象的语法如下：

new String(s);

或

String(s);

其中,参数是要存储在字符串对象中或转换成原始字符串的值。字符串对象也可以直接通过字符串变量来引用,比如,在例 5-2 中就没有创建字符串对象,而是直接对一个字符串变量引用了。

2. 字符串对象的属性

字符串对象的属性比较少,其中 length 属性可返回字符串中的字符数目。例 5-2 中就使用了这个属性。

3. 字符串对象的方法

字符串对象的常用方法见表 5-1。

表 5-1 字符串对象的常用方法

方法	描述
charAt()	返回在指定位置的字符
concat()	连接字符串
fontcolor()	使用指定的颜色来显示字符串
fontsize()	使用指定的尺寸来显示字符串
indexOf()	检索字符串
lastIndexOf()	从后向前搜索字符串
link()	将字符串显示为链接
match()	找到一个或多个正则表达式的匹配
replace()	替换与正则表达式相匹配的子串
search()	检索与正则表达式相匹配的值
split()	把字符串分割为字符串数组
substring()	提取字符串中两个指定的索引号之间的字符
toLocaleLowerCase()	把字符串转换为小写
toLocaleUpperCase()	把字符串转换为大写
toLowerCase()	把字符串转换为小写
toUpperCase()	把字符串转换为大写

例 5-2 在文本框中输入字符串,当离开输入字段时,显示字符串长度,并将输入文本转换为大写。

```
<html>
<head>
<meta http-equiv="Content-Type" content="text/html; charset=utf-8" />
<script>
function Stringfun()
```

```
{
    var x=document.getElementById("s");
    document.write("输入的字符串为："+x.value+"<br>");
    document.write("字符串长度："+x.value.length+"<br>");
    x.value=x.value.toUpperCase();
    document.write("字符串转换为大写："+x.value+"<br>");
}
</script>
<title>字符串对象</title>
</head>
<body>
请输入英文字符：<input type="text" id="s" onChange="Stringfun()">
</body>
</html>
```

显示效果如图 5-2 所示。

图 5-2　字符串对象应用的示例

5.2.2　数字对象

在 JavaScript 中，数字是一种基本的数据类型。JavaScript 还支持数字对象（Number），该对象是原始数值的包装对象。在必要时，JavaScript 会自动地在原始数据和对象之间转换。

1．数字对象的创建

数字对象的创建格式如下：

new Number(值);

或

Number(值);

参数是要创建的 Number 对象的数值，或是要转换成数字的值。

当 Number() 和运算符 new 一起作为构造函数使用时，它返回一个新创建的 Number 对象。如果不用 new 运算符，把 Number() 作为一个函数来调用，它将把自己的参数转换成一个原始的数值，并且返回这个值（如果转换失败，则返回 NaN）。

2．数字对象的属性

数字对象的常用属性如表 5-2 所示。

表 5-2 数字对象的常用属性

属 性	描 述
constructor	返回对创建此对象的 Number 函数的引用
MAX_VALUE	可表示的最大的数
MIN_VALUE	可表示的最小的数
NaN	非数字值
NEGATIVE_INFINITY	负无穷大,溢出时返回该值
POSITIVE_INFINITY	正无穷大,溢出时返回该值
prototype	使用户有能力向对象添加属性和方法

3. 数字对象的方法

数字对象的常用方法如表 5-3 所示。

表 5-3 数字对象的常用方法

方 法	描 述
toString()	把数字转换为字符串,使用指定的基数
toLocaleString()	把数字转换为字符串,使用本地数字格式顺序
toFixed()	把数字转换为字符串,结果的小数点后有指定位数的数字
toExponential()	把对象的值转换为指数记数法
toPrecision()	把数字格式化为指定的长度
valueOf()	返回一个 Number 对象的基本数字值

例 5-3 将文本框输入的字符串转化为数字,并进行加法运算。

```
<html>
<head>
<meta http-equiv="Content-Type" content="text/html; charset=utf-8" />
<script>
function jisuan()
{
    var num1=Number(document.getElementById("n1").value);
    var num2=Number(document.getElementById("n2").value);
    sum=num1+num2;
    document.getElementById("sum").value=sum;
}
</script>
<title>数字对象</title>
</head>
<body>
<input name="n1" type="text" id="n1" size="8">
+
<input name="n2" type="text" id="n2" size="8">
=
```

```
<input name="sum" type="text" id="sum" size="8">
<input type="submit" name="button" id="button" value="计算" onclick="jisuan()">
</body>
</html>
```

显示效果如图 5-3 所示。

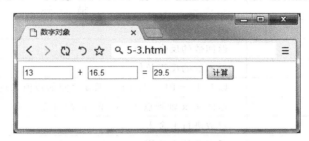

图 5-3　数字对象应用的示例

5.2.3　算数对象

算数对象(Math)的作用是,执行常见的算数任务。算数对象并不像字符串那样是对象的类,因此没有构造函数 Math(),像 Math.sin() 这样的函数只是函数,不是某个对象的方法。算数对象无须创建,通过把算数作为对象使用就可以调用其所有属性和方法。

1. 使用算数对象的属性和方法的语法

语法格式如下：

var 变量名=Math.PI;
var 变量名=Math.sqrt(15);

2. 算数对象的属性

算数对象的常用属性如表 5-4 所示。

表 5-4　算数对象的常用属性

属　　性	描　　述
E	返回算数常量 e,即自然对数的底数(约等于 2.718)
LN2	返回 2 的自然对数(约等于 0.693)
LN10	返回 10 的自然对数(约等于 2.302)
LOG2E	返回以 2 为底的 e 的对数(约等于 1.414)
LOG10E	返回以 10 为底的 e 的对数(约等于 0.434)
PI	返回圆周率(约等于 3.141 59)
SQRT1_2	返回 2 的平方根的倒数(约等于 0.707)
SQRT2	返回 2 的平方根(约等于 1.414)

3. 算数对象的方法

算数对象的常用方法如表 5-5 所示。

表 5-5 算数对象的常用方法

方法	描述
abs(x)	返回数的绝对值
acos(x)	返回数的反余弦值
asin(x)	返回数的反正弦值
atan(x)	以介于 -PI/2 与 PI/2 弧度之间的数值来返回 x 的反正切值
atan2(y,x)	返回从 x 轴到点 (x,y) 的角度（介于 -PI/2 与 PI/2 弧度）
ceil(x)	对数进行上舍入
cos(x)	返回数的余弦值
exp(x)	返回 e 的指数
floor(x)	对数进行下舍入
log(x)	返回数的自然对数（底为 e）
max(x,y)	返回 x 和 y 中的最大值
min(x,y)	返回 x 和 y 中的最小值
pow(x,y)	返回 x 的 y 次幂
random()	返回 0~1 的随机数
round(x)	把数四舍五入为最接近的整数
sin(x)	返回数的正弦值
sqrt(x)	返回数的平方根
tan(x)	返回角的正切值
toSource()	返回该对象的源代码
valueOf()	返回 Math 对象的原始值

例 5-4 产生两个介于 0~10 的随机数，并比较大小。

```
<html>
<head>
<meta http-equiv="Content-Type" content="text/html; charset=utf-8" />
<script>
function suijishu()
{
    var num1=Math.floor(Math.random()*11);
    var num2=Math.floor(Math.random()*11);
    document.getElementById("n1").value=num1;
    document.getElementById("n2").value=num2;
    document.getElementById("max").value=Math.max(num1,num2);
}
</script>
<title>算数对象</title>
</head>
<body>
```

随机数 1
<input name="n1" type="text" id="n1" size="8">
  随机数 2
<input name="n2" type="text" id="n2" size="8">
  最大数=
<input name="max" type="text" id="max" size="8">

<input type="submit" name="button" id="button" value="产生随机数" onClick="suijishu()">
</body>
</html>

显示效果如图 5-4 所示。

图 5-4 产生两个随机数并比较大小

5.2.4 日期对象

日期对象(Date)用于处理日期和时间。

1. 日期对象的创建

日期对象的创建格式如下：

new Date();

日期对象创建后会返回一个日期型的变量,并自动把当前日期和时间保存为其初始值。

2. 日期对象的方法

日期对象的常用方法比较多,主要有两大类,一类是获取各种形式的日期和时间;另一类是设置日期和时间,日期对象的常用方法如表 5-6 所示。

表 5-6 日期对象的常用方法

方　法	描　述
Date()	返回当日的日期和时间
getDate()	从日期对象返回一个月中的某一天(1~31)
getDay()	从日期对象返回一周中的某一天(0~6)
getMonth()	从日期对象返回月份(0~11)
getFullYear()	从日期对象以 4 位数字返回年份
getHours()	返回日期对象的小时(0~23)
getMinutes()	返回日期对象的分钟(0~59)

续表

方法	描述
getSeconds()	返回日期对象的秒数(0～59)
getMilliseconds()	返回日期对象的毫秒(0～999)
getTime()	返回1970年1月1日至今的毫秒数
getTimezoneOffset()	返回本地时间与格林尼治标准时间(GMT)的分钟差
getUTCDate()	根据世界时从日期对象返回月中的一天(1～31)
getUTCDay()	根据世界时从日期对象返回周中的一天(0～6)
getUTCMonth()	根据世界时从日期对象返回月份(0～11)
getUTCFullYear()	根据世界时从日期对象返回4位数的年份
getUTCHours()	根据世界时返回日期对象的小时(0～23)
getUTCMinutes()	根据世界时返回日期对象的分钟(0～59)
getUTCSeconds()	根据世界时返回日期对象的秒钟(0～59)
getUTCMilliseconds()	根据世界时返回日期对象的毫秒(0～999)
setDate()	设置日期对象中月的某一天(1～31)
setMonth()	设置日期对象中月份(0～11)
setFullYear()	设置日期对象中的年份(4位数字)
setHours()	设置日期对象中的小时(0～23)
setMinutes()	设置日期对象中的分钟(0～59)
setSeconds()	设置日期对象中的秒钟(0～59)
setMilliseconds()	设置日期对象中的毫秒(0～999)
setTime()	以毫秒设置日期对象
setUTCDate()	根据世界时设置日期对象中月份的一天(1～31)
setUTCMonth()	根据世界时设置日期对象中的月份(0～11)
setUTCFullYear()	根据世界时设置日期对象中的年份(4位数字)
setUTCHours()	根据世界时设置日期对象中的小时(0～23)
setUTCMinutes()	根据世界时设置日期对象中的分钟(0～59)
setUTCSeconds()	根据世界时设置日期对象中的秒钟(0～59)
setUTCMilliseconds()	根据世界时设置日期对象中的毫秒(0～999)
toString()	把日期对象转换为字符串
toTimeString()	把日期对象的时间部分转换为字符串
toDateString()	把日期对象的日期部分转换为字符串
toUTCString()	根据世界时,把日期对象转换为字符串
toLocaleString()	根据本地时间格式,把日期对象转换为字符串
toLocaleTimeString()	根据本地时间格式,把日期对象的时间部分转换为字符串
toLocaleDateString()	根据本地时间格式,把日期对象的日期部分转换为字符串
UTC()	根据世界时返回1970年1月1日到指定日期的毫秒数

例 5-5　在网页上显示时间。

```
<html>
<head>
<meta http-equiv="Content-Type" content="text/html; charset=utf-8" />
```

扫一扫

```
<script type="text/javascript">
function showTime()
{
    var today=new Date();
    var h=today.getHours();
    var m=today.getMinutes();
    var s=today.getSeconds();
    m=addTime(m);
    s=addTime(s);
    document.getElementById('time').innerHTML=h+":"+m+":"+s;
    t=setTimeout('showTime()',500);
}
function addTime(i)
{
if (i<10)
    {i="0"+i;}
    return i;
}
</script>
<title>日期对象</title>
</head>
<body onload="showTime()">
<div id="time"></div>
</body>
</html>
```

显示效果如图 5-5 所示。

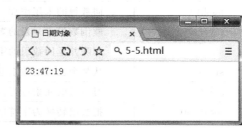

图 5-5 在网页上显示时间

5.2.5 数组对象

数组对象(Array)用于在一个名称的变量下存储多个值,其是数据存储的一个重要类型,常常和循环配合使用。

1. 数组的定义

由于可选的初始参数不一样,因此其创建的语法格式有多种,主要有以下 3 种。
第一种语法是最简单的。其语法格式如下:

new Array();

在这种定义中,没有指明数组的存储数量(即下标数量),可以在后面通过赋值语句来动态增加数组的长度,例 5-6 中使用的就是这种方式。new 表示新创建一个对象,是 JavaScript 的类操作运算符。

第二种语法格式中包括了一个参数。其语法格式如下:

new Array(size);

本格式中,包括了一个参数,该参数指定了数组的大小。
第三种语法格式包括了多个参数。其语法格式如下:

new Array(element0, element0, ..., elementn);

这种格式中,包括了一组参数列表,新创建的数组的元素就会被初始化为这些值。

2. 数组对象的常用属性

数组对象中最常用的属性是 length,其可设置或返回数组中元素的数目。

3. 数组对象的常用方法

数组对象提供了丰富的方法供用户调用,方法名称和功能描述如表 5-7 所示。

表 5-7 数组对象的常用方法

方法	描述
concat()	连接两个或更多的数组,并返回结果
join()	把数组的所有元素放入一个字符串。元素通过指定的分隔符进行分隔
pop()	删除并返回数组的最后一个元素
push()	向数组的末尾添加一个或更多元素,并返回新的长度
reverse()	颠倒数组中元素的顺序
shift()	删除并返回数组的第一个元素
slice()	从某个已有的数组返回选定的元素
sort()	对数组的元素进行排序
toString()	把数组转换为字符串,并返回结果

例 5-6 创建两个数组,一个数组用来保存英文,一个数组用来保存数字,对这两个数组按字母顺序和数字顺序进行大小排序(升序排列)。

```
<html>
<head>
<meta http-equiv="Content-Type" content="text/html; charset=utf-8" />
<title>数组对象</title>
</head>
<body>
<script type="text/javascript">
var arr=new Array(6);
arr[0]="tom";
arr[1]="and";
arr[2]="kite";
arr[3]="apple";
arr[4]="bird";
arr[5]="good";
document.write(" 原始数组"+arr + "<br />");
document.write("按字母排序"+arr.sort());
</script>
<p>
<script type="text/javascript">
```

```
function sortNumber(a,b)
{return a-b;
}
var arr=new Array(6);
arr[0]="120";
arr[1]="56";
arr[2]="23";
arr[3]="77";
arr[4]="68";
arr[5]="20";
document.write("原始数组"+arr+"<br />");
document.write("按数字排序"+arr.sort(sortNumber));
</script>
</body>
</html>
```

显示效果如图 5-6 所示。

图 5-6 数组对象应用的示例

5.2.6 浏览器对象

浏览器对象(Navigator)包含有关浏览器的信息,由于浏览器程序本身已经存在,因此本对象不用创建就可以直接使用。注意,浏览器对象在 JavaScript 程序中是唯一的,在同一个程序中不存在两个浏览器对象。

浏览器对象多用于获取浏览器信息,因此其包含了较多的属性,浏览器对象的常用属性如表 5-8 所示。

表 5-8 浏览器对象的常用属性

属　性	描　述
appCodeName	返回浏览器的代码名
appMinorVersion	返回浏览器的次级版本
appName	返回浏览器的名称
appVersion	返回浏览器的平台和版本信息
browserLanguage	返回当前浏览器的语言
cookieEnabled	返回指明浏览器中是否启用 Cookies 的布尔值
cpuClass	返回浏览器系统的 CPU 等级

续表

属 性	描 述
onLine	返回指明系统是否处于脱机模式的布尔值
platform	返回运行浏览器的操作系统平台
systemLanguage	返回操作系统使用的默认语言
userAgent	返回由客户机发送到服务器的 user-agent 头部的值
userLanguage	返回操作系统的自然语言设置

例 5-7 检查浏览器的相关信息。

```
<html>
<head>
<meta http-equiv="Content-Type" content="text/html; charset=utf-8" />
<title>浏览器对象</title>
</head>
<body>
<script type="text/javascript">
document.write("<p>浏览器: ")
document.write(navigator.appName + "</p>")
document.write("<p>浏览器版本: ")
document.write(navigator.appVersion + "</p>")
document.write("<p>代码: ")
document.write(navigator.appCodeName + "</p>")
document.write("<p>平台: ")
document.write(navigator.platform + "</p>")
document.write("<p>Cookies 启用: ")
document.write(navigator.cookieEnabled + "</p>")
</script>
</body>
</html>
```

显示效果如图 5-7 所示。

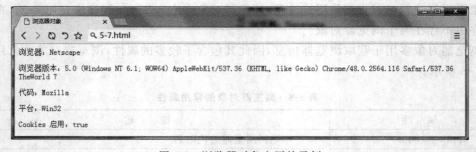

图 5-7 浏览器对象应用的示例

5.2.7 文档对象

每个载入浏览器的 HTML 文档都会成为文档对象(document),因此本对象也不用创建就可以直接使用。文档对象使开发者可以通过 JavaScript 程序对 HTML 页面中的所有元素进行访问。实际上文档对象是窗口对象的一部分，可通过 window.document 属性对其进行访问。

1. 文档对象的集合属性

由于文档对象指代了整个网页的正文内容，而网页的正文(指＜body＞和＜/body＞之间的内容)中一般包括了大量的控件对象，因此文档对象中出现了集合属性。文档对象常用的集合属性如表 5-9 所示。

表 5-9 文档对象常用的集合属性

集合	描述
all[]	提供对文档中所有 HTML 元素的访问
anchors[]	返回对文档中所有 Anchor 元素的引用
forms[]	返回对文档中所有 Form 元素的引用
images[]	返回对文档中所有 Image 元素的引用
links[]	返回对文档中所有 Area 和 Link 元素的引用

2. 文档对象的属性

文档对象包括较多的属性，主要是网页正文的一些参数值，常用属性如表 5-10 所示。

表 5-10 文档对象的常用属性

属性	描述
body	提供对＜body＞元素的直接访问。对于定义了框架集的文档，该属性引用最外层的＜frameset＞
cookie	设置或返回与当前文档有关的所有 Cookie
domain	返回当前文档的域名
lastModified	返回文档被最后修改的日期和时间
referrer	返回载入当前文档的 URL
title	返回当前文档的标题
URL	返回当前文档的 URL

3. 文档对象的方法

文档对象的方法比较常用，尤其是 document.write()方法，其常用方法如表 5-11 所示。

表 5-11 文档对象的常用方法

方法	描述
getElementById()	返回对拥有指定 id 的第一个对象的引用
getElementsByName()	返回带有指定名称的对象集合
getElementsByTagName()	返回带有指定标签名的对象集合
write()	向文档写 HTML 表达式 或 JavaScript 代码
writeln()	等于 write()方法，不同的是在每个表达式之后写一个换行符

例 5-8 读取表单输入内容，并显示。

```html
<html>
<head>
<meta http-equiv="Content-Type" content="text/html; charset=utf-8" />
<title>文档对象</title>
</head>
<body>
<p>用户名1:
  <label for="name"></label>
  <input name="name" type="text" id="name" size="10">
    用户名2:
  <input name="name" type="text" id="name" size="10">
</p>
<p> 性别1:  
  <label for="sex"></label>
  <input name="sex" type="text" id="sex" size="10">
    性别2:
  <input name="sex" type="text" id="sex" size="10">
  <label for="sex"></label>
</p>
<p>  年龄1:
  <label for="age"></label>
  <input name="age" type="text" id="age" size="10">
     年龄2:
  <input name="age" type="text" id="age" size="10">
</p>
<p>
  <input type="submit" name="btn" id="btn" value="显示用户输入内容" onClick="showinfo()">
</p>
<script type="text/javascript">
function showinfo()
{
    var name=document.getElementsByName("name");
    var sex=document.getElementsByName("sex");
    var age=document.getElementsByName("age");
    document.write("用户名1: "+name[0].value+","+"性别: "+sex[0].value+","+"年龄"+age[0].value+"<br>用户名2: "+name[1].value+","+"性别: "+sex[1].value+","+"年龄"+age[1].value+"<br>");
}
</script>
</body>
</html>
```

显示效果如图 5-8 所示。

例子中使用的 getElementsByName() 方法和 getElementById() 方法相似，但是它查询元素的 name 属性，而不是 id 属性。而且一个文档中的 name 属性可能不唯一（如 HTML 表单中的单选按钮通常具有相同的 name 属性），所以 getElementsByName() 方法返回的是元素的数组，而不是一个元素。

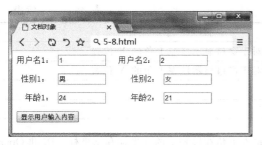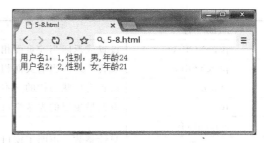

图 5-8　文档对象应用的示例

5.2.8　窗口对象

窗口对象（window）表示浏览器中打开的窗口，其值也不用创建就可以直接使用。

1. 窗口对象的对象集合

普通网页中只有一个窗口对象，但如果文档包含框架结构（使用了 frame 或 iframe 标签时），浏览器会为网页文档创建一个窗口对象，并为每个框架创建一个额外的窗口对象。在使用时可以引用窗口对象的对象集合 frames[]。该集合是窗口对象的数组，每个窗口对象在窗口中含有一个＜frame＞或＜iframe＞。属性 frames.length 存放数组 frames[] 中含有的元素个数。当框架网页的下一级页面中还包括框架时，frames[] 数组还可以引用另一个表示下一级页面框的 frames[] 数组。

2. 窗口对象的属性

窗口对象中包括了窗口的位置、大小等信息，还包括了对其他对象的引用。窗口对象的常用属性如表 5-12 所示。

表 5-12　窗口对象的常用属性

属　性	描　述
closed	返回窗口是否已被关闭
defaultStatus	设置或返回窗口状态栏中的默认文本
document	对窗口对象的只读引用
history	对历史对象的只读引用
innerheight	返回窗口的文档显示区的高度
innerwidth	返回窗口的文档显示区的宽度
length	设置或返回窗口中的框架数量
name	设置或返回窗口的名称
navigator	对窗口对象的只读引用
opener	返回对创建此窗口的引用
outerheight	返回窗口的外部高度
outerwidth	返回窗口的外部宽度

续表

属 性	描 述
pageXOffset	设置或返回当前页面相对于窗口显示区左上角的 X 位置
pageYOffset	设置或返回当前页面相对于窗口显示区左上角的 Y 位置
status	设置窗口状态栏的文本
top	返回最顶层的先辈窗口
screenLeft	只读整数。声明了窗口的左上角在屏幕上的 x 坐标和 y 坐标。IE 和 Opera 支持 screenLeft 和 screenTop，Firefox 支持 screenX 和 screenY。Safari 全部支持
screenTop	
screenX	
screenY	

3. 窗口对象的方法

窗口对象的常用方法主要涉及窗口一些参数的设置，其常用方法如表 5-13 所示。

表 5-13 窗口对象的常用方法

方法	描 述
alert()	显示带有一段消息和一个"确认"按钮的警告框
clearInterval()	取消由 setInterval() 方法设置的 timeout
clearTimeout()	取消由 setTimeout() 方法设置的 timeout
close()	关闭浏览器窗口
confirm()	显示带有一段消息以及"确认"按钮和"取消"按钮的对话框
createPopup()	创建一个 pop-up 窗口
focus()	把键盘焦点给予一个窗口
moveBy()	可相对窗口的当前坐标把它移动指定的像素
moveTo()	把窗口的左上角移动到一个指定的坐标
open()	打开一个新的浏览器窗口或查找一个已命名的窗口
print()	打印当前窗口的内容
prompt()	显示可提示用户输入的对话框
resizeBy()	按照指定的像素调整窗口的大小
resizeTo()	把窗口的大小调整到指定的宽度和高度
scrollBy()	按照指定的像素值来滚动内容
scrollTo()	把内容滚动到指定的坐标
setInterval()	按照指定的周期（以毫秒计）来调用函数或计算表达式
setTimeout()	在指定的毫秒数后调用函数或计算表达式

例 5-9 显示提示框，要求用户输入用户名，如果用户单击提示框的"取消"按钮，则返回 null。如果用户单击"确认"按钮，则返回输入的内容。

```
<html>
<head>
<meta http-equiv="Content-Type" content="text/html; charset=utf-8" />
<title>窗口对象</title>
```

```
<script type="text/javascript">
function uname_prompt()
{
    var name=prompt("请输入您的名字")
    if (name!=null && name!="")
    {
        document.write("用户:" + name + ",欢迎登录!")
    }
}
</script>
</head>
<body>
<input type="submit" name="button" id="button" value="输入用户名" onclick="uname_prompt()">
</body>
</html>
```

显示效果如图 5-9 所示。

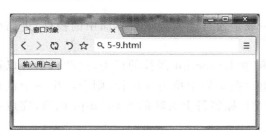 

图 5-9 窗口对象应用的示例

综合案例,请扫一扫。

课后练习

1. 编写一个 JavaScript 程序,在页面中有一个按钮,单击后页面的背景变化成其他颜色。

2. 编写一个 JavaScript 程序,当页面打开时会自动生成本年度 12 个月的月历,每个月历中使用红字标识出周六、日,其他日期使用黑字标识,"今天"使用蓝字并加粗标识。

3. 检测访问者的浏览器和版本号。

4. 显示一个确认对话框,询问用户"是否要关闭浏览器",如果用户单击"确定"按钮则自动关闭浏览器;如果用户单击"取消"按钮则返回当前网页。

第6章

JavaScript中的事件与事件处理

学习目标

掌握 JavaScript 的常用事件及响应方法。

熟练应用事件处理方式,完成网页常用功能的编写。

6.1 事件及事件处理程序

JavaScript 程序和网页页面之间的交互一般是通过触发浏览器界面中的控件,进而引发事件来处理的。

网页中的每个元素都可以产生某些可以触发 JavaScript 函数的行为,这些行为可以被 JavaScript 程序侦测到,称其为事件。例如,用户在页面中单击某按钮,则会产生一个鼠标单击(onclick)事件,并调用之前在按钮的 HTML 标签符上关联的 JavaScript 函数,完成对事件的处理。

如果需要对某一事件进行处理,需要进行两部分的设置。

(1) 在相应网页页面的元素标签符中加入事件属性,并设置事件属性为一 JavaScript 函数。

(2) 在 JavaScript 程序中编写一个函数处理对应的事件。

JavaScript 程序支持的事件如表 6-1 所示。

表 6-1 JavaScript 程序支持的事件

事件名称	功能解释	事件名称	功能解释
onabort	图像加载被中断	onmousedown	某个鼠标按键被按下
onblur	元素失去焦点	onmousemove	鼠标指针被移动
onchange	用户改变域的内容	onmouseout	鼠标指针从某元素移开
onclick	鼠标单击某个对象	onmouseover	鼠标指针被移到某元素之上
ondblclick	鼠标双击某个对象	onmouseup	某个鼠标按键被松开
onerror	当加载文档或图像时发生某个错误	onreset	"重置"按钮被单击
onfocus	元素获得焦点	onresize	窗口或框架被调整尺寸
onkeydown	某个键盘的键被按下	onselect	文本被选定
onkeypress	某个键盘的键被按下或按住	onsubmit	"提交"按钮被单击
onkeyup	某个键盘的键被松开	onunload	用户退出页面
onload	某个页面或图像被完成加载		

虽然JavaScript程序提供了很多事件,但经常使用的就几种,下面几节将重点介绍这些比较常用的事件。

6.2 JavaScript 的常用事件

6.2.1 键盘事件

键盘事件是对键盘操作的响应,其主要包括以下几个事件。

（1）onblur,当元素失去焦点时触发,一般与文本框结合使用,用于判断用户输入的内容是否正确。

（2）onfocus,当元素获得焦点时触发。

（3）onchange,当元素内容被改变时触发。

（4）onkeydown,某个键盘的键被按下时触发。

（5）onkeyup,某个键盘的键被抬起时触发。

（6）onkeypress,按了某个键盘的键时触发（即 onkeydown＋onkeyup）。

例 6-1　下面的代码中,完成了用户输入内容的即时判断。

```
<html>
<head>
<meta http-equiv="Content-Type" content="text/html; charset=utf-8" /><title>
例 6-1</title>
<script language="javascript">
function f1() {
    if(document.getElementById('input1').value=="hello")
        j1.innerText="  输入正确";
    else
        j1.innerText="  输入错误!";
}
function f2() {
    if(document.getElementById('input2').value=="123456")
        j2.innerText="  输入正确";
    else
        j2.innerText="  输入错误!";
}
function f3() {
    if(document.getElementById('input3').value=="javascript")
        j3.innerText="  输入正确";
    else
        j3.innerText="  输入错误!";
}
</script></head>
<body><form id="form1" name="form1" method="post" action="">
    <p align="center">请输入 hello: <input type="text" name="input1" id="input1" onblur=f1()><label id=j1></label>
    <p align="center">请输入 123456: <input type="text" name="input2" id="input2" onChange=f2()><label id=j2></label>
```

```
<p align="center">请输入 javascript：<input type="text" name="input3" id="input3"
onkeypress=f3()><label id=j3></label>
</form></body></html>
```

在本程序中，定义了 3 个文本框，并分别增加了失去焦点事件（onblur）、内容改变事件（onchange）和键盘输入事件（onkeypress）的处理函数。3 个处理函数都是判断对应的文本框中的内容是否正确，如果正确则显示"输入正确"，否则显示"输入错误！"。

失去焦点事件（onblur）的处理函数是当用户输入完成后，按 Tab 键或使用鼠标单击其他控件后会被激活并执行。

内容改变事件（onchange）与失去焦点事件的执行条件相似，但如果在输入完成后，按 Enter 键也会激活本事件的处理函数。

键盘输入事件（onkeypress）是当用户在文本框中有任何的输入都会被激活。

本程序的运行效果如图 6-1 所示。

图 6-1 键盘事件示例的运行效果图

6.2.2 鼠标事件

鼠标事件是 JavaScript 程序中最常用的事件之一，其功能是响应鼠标的各种操作，主要包括以下几个常用事件。

1. 鼠标单击事件（onclick）

本事件最常用，当鼠标单击时产生，一般与按钮元件配合使用，本章中很多示例都使用了该事件。

2. 鼠标指针指向事件（onmouseover）

当鼠标指针指向某一目标区域时，会触发此事件。

3. 鼠标指针移开事件（onmouseout）

当鼠标指针离开某一目标区域时，会触发此事件。鼠标指针移开事件和鼠标指针指向事件经常同时配合使用。

例 6-2 下面的代码中，给出了使用鼠标事件进行动态菜单处理的方法。

扫一扫

```
<html>
<head>
<meta http-equiv="Content-Type" content="text/html; charset=utf-8" />
<title>例 6-2</title>
<style>
.menu{ VISIBILITY: hidden; }
.cur { cursor:hand; }
body {cursor:default; }
.obj { font-size:30px; }
</style>
```

```
<script language=javascript>
function hide(){
    m1.style.visibility="";
}
function hide1(){
    m2.style.visibility="";
}
function hide2(){
    m3.style.visibility="";
}
function view(){
    m1.style.visibility="visible";
}
function view1(){
    m2.style.visibility="visible";
}
function view2(){
    m3.style.visibility="visible";
}
function changecolor(color)
{
    obj.style.color=color;
}
function changebkcolor(color){
    obj.style.backgroundColor=color;
}
function changesize(size){
    obj.style.fontSize=size;
}
</script></head>
<body><table border=0><tr valign=top><td>
<div onmouseover=view() onmouseout=hide() class=cur>
    <b>[ Color ]</b>
    <div id=m1 class=menu>
        <table border=0>
        <tr><td><div class=cur onclick=changecolor("red")>Red</div>
        <tr><td><div class=cur onclick=changecolor("blue")>Blue</div>
        <tr><td><div class=cur onclick=changecolor("black")>Black</div>
        <tr><td><div class=cur onclick=changecolor("green")>Green</div>
        <tr><td><div class=cur onclick=changecolor("yellow")>Yellow</div>
        </table>
        </div>
    </div>
<td valign=top>
<div onmouseover=view1() onmouseout=hide1() class=cur>
    <b>[ Background Color ]</b>
    <div id=m2 class=menu>
        <table border=0>
        <tr><td><div class=cur onclick=changebkcolor("green")>Green</div>
        <tr><td><div class=cur onclick=changebkcolor("black")>Black</div>
        <tr><td><div class=cur onclick=changebkcolor("White")>White</div>
```

```
            <tr><td><div class=cur onclick=changebkcolor("red")>Red</div>
            </table>
        </div>
    </div>
    <td valign=top>
    <div onmouseover=view2() onmouseout=hide2() class=cur>
        <b>[ Front Size ]</b>
        <div id=m3 class=menu>
            <table border=0>
            <tr><td><div class=cur onclick=changesize("10px")>10px</div>
            <tr><td><div class=cur onclick=changesize("20px")>20px</div>
            <tr><td><div class=cur onclick=changesize("30px")>30px</div>
            <tr><td><div class=cur onclick=changesize("40px")>40px</div>
            <tr><td><div class=cur onclick=changesize("50px")>50px</div>
            <tr><td><div class=cur onclick=changesize("60px")>60px</div>
            <tr><td><div class=cur onclick=changesize("70px")>70px</div>
            <tr><td><div class=cur onclick=changesize("80px")>80px</div>
            <tr><td><div class=cur onclick=changesize("90px")>90px</div>
            <tr><td><div class=cur onclick=changesize("100px")>100px</div>
            </table>
        </div>
    </div>
</table><p><div id=obj class=obj align=center>Hello,world!</div>
</body></html>
```

菜单的设计一般是使用块和表格共同完成的,每一个菜单都定义在一个块(<div>和</div>)中,并对这个块增加鼠标指针指向和移开事件的处理函数,如同下面的语句:

```
<div onmouseover=viewX() onmouseout=hideX() class=cur>
```

鼠标事件的处理函数的内容非常简单,只需设置相应对象的 style.visibility 属性值即可,当值是"visible"时表示菜单可见;当值是空值(即"")时表示菜单不可见。

在本程序开始处首先使用 CSS(层叠样式表)定义了 4 个样式,其中,.menu 样式(其内容是{ VISIBILITY: hidden; })设置了不可见属性,当其应用在定义菜单的块上时,则将菜单部分隐藏。在每一个菜单项中还使用了鼠标单击事件,以便实现颜色、背景色和字体大小的改变。

本例的运行效果如图 6-2 所示。

6.2.3 onload 事件和 onunload 事件

当网页被浏览器加载执行或关闭网页时,也都会触发页面载入事件(onload)和页面离开事件(onunload)。

页面载入事件(onload)常用来检测访问者的浏览器类型和版本,然后根据这些信息载入特定版本的网页。页面离开事件(onunload)一般是放置一些提示信息。

例 6-3 下面的代码中,对浏览器的类型和是否支持 Cookie 功能进行了判断。

```
<html><head>
```

扫一扫

图 6-2 使用 JavaScript 实现的动态菜单

```
<title>例 6-3</title>
<script language="javascript">
function judge(){
    //显示浏览器信息
    document.write("浏览器名称："+ navigator.appName + "<br>");
    document.write("浏览器版本："+ navigator.appVersion + "<br>");
    document.write("Cookies 是否启用："+ navigator.cookieEnabled + "<br>");
    document.write("user-agent 头部："+ navigator.userAgent + "<br><p>");
    //判断浏览器类型
    if (window.ActiveXObject)
        document.write('本浏览器是 IE 系列浏览器');
    else if (document.getBoxObjectFor)
        document.write('本浏览器是 Firefox 浏览器');
    else if (window.MessageEvent && !document.getBoxObjectFor)
        document.write('本浏览器是 Chrome 浏览器');
    else if (window.opera)
        document.write('本浏览器是 Opera 浏览器');
    else if (window.openDatabase)
        document.write('本浏览器是 Safari 浏览器');
    else
        document.write('本浏览器是其他类型浏览器');
}
</script><body onload=judge()></body></html>
```

本程序在页面加载后首先执行 judge() 函数，其功能是对浏览器的信息进行显示并判断浏览器的类型。浏览器的信息可以通过浏览器对象（navigator）中的属性值获取。

浏览器类型的判断方法有多种，可以通过浏览器对象的程序名称属性（navigator.appName）或浏览器对象的 user-agent 头部属性（navigator.userAgent）进行判断，但这种方法有时不太精细；另一种方法是通过不同浏览器的不同属性进行判断，本程序就是使用第二种方法，其具体的判断方法如下。

（1）对于 IE 浏览器，其支持创建 ActiveX 控件，而其他浏览器是不支持的，因此它有一个 ActiveXObject 函数，只要判断 window 对象存在 ActiveXObject 函数，就可以明确判断出当前浏览器是 IE。

（2）对于 Firefox 浏览器，其有一个 getBoxObjectFor 函数，用来获取 DOM 元素的位置和大小，这是 Firefox 独有的，判断它即可知道当前浏览器是 Firefox。

（3）对于 Opera 浏览器，其在 window 对象中提供了专门的浏览器标志，即 window.opera 属性，通过判断这个属性就可以确定是否是 Opera 浏览器。

（4）对于 Safari 浏览器，其有一个独有的 openDatabase 函数，这个可以作为判断是否是 Safari 浏览器的标志。

（5）对于 Chrome 浏览器，其有一个 MessageEvent 函数，但此函数 Firefox 浏览器也有，不过，Chrome 没有 Firefox 的 getBoxObjectFor 函数，因此根据这两个函数存在的条件可以准确判断出是否是 Chrome 浏览器。

（6）如果以上判断都不正确，则表示为其他浏览器。

显示效果如图 6-3 所示。本程序在不同浏览器中会显示出不同的值。

图 6-3　在浏览器中执行的效果图

6.2.4　表单事件

表单事件就是对表单提交时产生的事件进行处理，其功能是在提交表单之前执行表单事件指定的处理函数。表单事件作用于表单元素上，因此要响应该事件就必须在表单标签符中增加 onsubmit 事件属性，并设置一个 JavaScript 函数作为其值，该函数如果返回 true 则提交表单；如果返回 false 则不提交表单。

例 6-4　下面是一个使用 onsubmit 事件的例子，在本例中，当用户单击表单中的"确认"按钮时，表单事件被激活，并调用对应的 check() 函数，该函数对表单中的用户名和密码域中的内容进行判断，如果没有输入值，则会给出提示，并取消此次的提交操作。如果用户名和密码都输入了值，则会正确提交。

```
<html><head>
<title>例 6-4</title>
<script language="javascript">
function check() {
    if(document.getElementById('username').value==""){
        alert("请输入用户名！");
        document.getElementById('username').focus();
        return false;
    }
```

```
        if(document.getElementById('password').value==""){
            alert("请输入密码!");
            document.getElementById('password').focus();
            return false;
        }
        return true;
}
</script></head>
<body><form id="form1" name="form1" method="post" action="5-15-server.html" onsubmit="return check()">
    <p align="center">  </p>
    <p align="center">用户名:<input type="text" name="username" id="username" />
    </p><p align="center">密  码:
    <input type="text" name="password" id="password" /></p><p align="center">
    <input type="submit" name="button" id="button" value="提交" />
            
    <input type="reset" name="button2" id="button2" value="重置" /></p>
</form></body></html>
```

本例中使用了表单事件处理对输入的内容进行判断,因此在＜form＞标签符中增加了"onsubmit"事件属性。在事件处理函数中,本例使用了一种新的判断方法,即使用document对象的getElementById()方法通过表单元素的id值来得到其句柄。在判断为空后,本例不但弹出了提示对话框,还将输入焦点移到相应的文本框对象上,这是通过调用表单元素对象的focus()方法实现的。

显示效果如图6-4所示。

图6-4 表单事件页面效果

综合案例,请扫一扫

课后练习

1. 编写一个JavaScript程序,在页面打开时,显示一个10行、10列的表格。
2. 编写一个JavaScript程序,在页面关闭时,弹出一个提示框。
3. 编写一个JavaScript程序,在页面中有一个按钮,单击后文字的字体颜色变化成其他颜色。
4. 编写一个JavaScript程序,当单击键盘上的J、S两个字母时,页面弹出对话框,显示"欢迎学习JavaScript"。

第7章

JavaScript网页特效

学习目标

了解用 JavaScript 进行多种网页特效设置的方式。

掌握多种文字特效、图片特效、时间和日期特效、鼠标特效、菜单特效与表单的设置方法与效果。

所谓网页特效就是网页的各个元素(如文字、图片、动画、声音、视频等)的特殊效果。它是通过控制不同的网页元素,赋予其韵律和艺术性的特效,如网页中闪烁显示的文字、链接条、图片、漂浮在页面上的广告等。

7.1 文 字 特 效

本节主要介绍 JavaScript 网页文字特效,主要包括跑马灯效果、打字效果、文字大小变化效果。

7.1.1 跑马灯效果

在网页上,经常会看到一段文字或者一组图片在一定的区域范围内滚动播放,以引起浏览者的注意,通常称之为"跑马灯"效果。

打开 Dreamweaver 软件,新建网页后,将下面例 7-1 的代码输入网页代码<body>和</body>之间。

例 7-1 跑马灯效果。

扫一扫

```
<script language=javascript>
<!--
var index=4
link=new Array(3);
text=new Array(3);
link[0]='http://www.126.com'
link[1]='http://www.126.com'
link[2]='http://www.baidu.com'
link[3]='http://www.sina.com'

text[0]='测试开始'
text[1]='126 邮箱'
text[2]='百度搜索'
```

```
text[3]='新浪'
document.write ("<marquee scrollamount='1' scrolldelay='50' direction='up' width='150' height='100'>");
for (i=0;i<index;i++){
    document.write (" <img src='images/webnew.gif' width='12' height='12'><a href="
    +link[i]+" target='_blank'>");
    document.write (text[i] + "</A><br>");
}
document.write ("</marquee>")
//-->
</script>
```

其中,参数 index 定义了显示的文本的行数;数组 link 存放不同行文字相关链接地址;数组 text 存放滚动内容。语句<marquee scrollamount='1' scrolldelay='50' direction='up' width='150' height='100'>中,参数 scrolldelay 定义了延迟时间,这个数值越小,滚动速度越快;direction 定义了方向;width 和 height 分别定义了滚动范围的宽和高。

7.1.2 打字效果

在网页上,可以实现逐个文字出现的打字效果,将下面例 7-2 的代码输入文件中,并保存。

例 7-2 打字效果

扫一扫

```
<HTML>
<HEAD>
<TITLE>打字效果</TITLE>
<SCRIPT Language="javascript">
var msg="欢迎进入 JS 网页特效的学习";
var interval=200;
seq=0;
function Scroll()
{
    document.tmForm.tmText.value=msg.substring(0, seq+1);
    seq++;
    if ( seq >=msg.length )
    { seq=0 };
        window.setTimeout("Scroll();", interval );
}
</SCRIPT>

<BODY OnLoad="Scroll();" >
<FORM Name=tmForm>
<INPUT Type=Text Name=tmText Size=45>
</FORM>
</BODY>
</HTML>
```

其中,interval 定义了打字间隔时间,测试该文件,实现的效果是在页面的文本框中,显示一段文字,并以打字效果显示。在网页中,通常情况,打字效果引起访问者关注后,还可实现单击进入相应链接的效果,下面是对上面打字效果的进一步修改与完善,在展示打字效果的过程中,还实现了相应的链接与跳转。

打开 Dreamweaver 软件,新建网页后,将下面代码输入网页代码＜head＞和＜/head＞之间并保存。

```
<title>打字效果</title>
<meta http-equiv="Content-Type" Content="text/html;charset=gb2312" />
<style type="text/css">
body{
    font-size:14px;
    font-color:#purple;
    font-weight:bolder;
}
</style>
```

在网页＜body＞和＜/body＞之间添加如下代码:

```
滚动文字信息:<a id="Hotnews" href="" target="_blank"></a>
<script language="javascript">
    var NewsTime=2000;
    var TextTime=100;

    var newsi=0;
    var txti=0;
    var txttimer;              //调用 setInterval 的返回值,用于取消对函数的周期性执行
    var newstimer;

    var newstitle=new Array();
    var newshref=new Array();

    newstitle[0]="126 邮箱链接!";      //显示在网页上的文字内容和对应的链接
    newshref[0]="http://www.126.com";

    newstitle[1]="百度搜索!";
    newshref[1]="http://www.baidu.com";

    newstitle[2]="电子购物!";
    newshref[2]="https://www.jd.com/";

    //newstitle[3]="http://www.baidu.com";
    //newshref[3]="http://www.baidu.com";

    function shownew(){
        hwnewstr=newstitle[newsi];      //通过 newsi 传递,依次显示数组中的内容
        newslink=newshref[newsi];       //依次显示文字对应的链接

        if(txti>=hwnewstr.length){
            clearInterval(txttimer);  /* 一旦超过要显示的文字长度,清除对 shownew()的周期性调用 */
            clearInterval(newstimer);
```

```
            newsi++;                              //显示数组中的下一个
            if(newsi>=newstitle.length){
                newsi=0;        /*当newsi大于信息标题的数量时,把newsi清零,重新从第一个显示*/
            }
            newstimer=setInterval("shownew()",NewsTime);    /*间隔2000ms后重新调用shownew()*/
            txti=0;
            return;
        }
        clearInterval(txttimer);
        document.getElementById("Hotnews").href=newslink;
        document.getElementById("Hotnews").innerHTML=hwnewstr.substring(0,txti+1);
                                                  //截取字符,从第一个字符到txti+1个字符
        txti++;                                   //文字一个个出现
        txttimer=setInterval("shownew()",TextTime);
    }
    shownew();
</script>
```

其中,参数 NewsTime 用来定义每条信息完整出现后停留时间;参数 TextTime 用来定义每条信息中的字出现的间隔时间。newstitle=new Array();用来实现以数组形式保存每个信息的标题;newshref=new Array();用来实现以数组形式保存信息标题的链接。

7.1.3 文字大小变化效果

很多网站上为了方便浏览者阅读,会提供选择字体大小的功能,以适应不同年龄段人群的阅读需求。默认字体大小可以通过 CSS 进行页面定义,一般网页的标准字体是 9pt,也就是 12px。

打开 Dreamweaver 软件,新建网页后,将下面例 7-3 的代码输入网页代码中并保存。

例 7-3 文字大小变化效果。

```
<html>
<head>
<title>JavaScript 设置网页字体</title>
<style>
body{
    font-size:9pt;
}
</style>
</head>
<body>
<div id=zoom>这是一段示例文字,可以单击下边选择不同字号的字体,这段文字会随即改变大小。

</div>
<SCRIPT language=JavaScript>
function doZoom(size){
```

```
        document.getElementById('zoom').style.fontSize=size+'pt'
   }
   </SCRIPT>
<P align=right>选择字号：[ <A href="javascript:doZoom(13)">13pt（超大）</A>
    <A href="javascript:doZoom(10.5)">10.5pt（中型）</A>
    <A href="javascript:doZoom(9)">9pt（标准）</A> ]
</body>
</html>
```

测试页面,效果如图 7-1 所示,当单击"选择字号"提示中的不同字号选项时,网页上的文字大小也会随之改变。

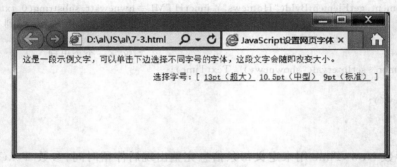

图 7-1 调整页面字体大小

7.2 图 片 特 效

本节主要介绍 JavaScript 网页图片特效,主要涉及改变页面中图片的位置、鼠标拖动滑块改变图片大小以及闪烁的图片效果。

7.2.1 改变页面中图片的位置

本节主要介绍通过输入新的位置数据,来修改图片位置的方法。在 Dreamweaver 软件环境中新建网页,并保存,将已经准备好的图片"pic.jpg"与保存的网页放在同一路径下,将例 7-4 代码插入网页中并保存。

例 7-4 改变页面中图片的位置。

```
<STYLE TYPE="text/css">
<!--
#moveobj {position: absolute;
          top: 10;
          left:10;}
-->
</STYLE>
<script language="javascript">
<!--
function moveit(){
```

扫一扫

```
        moveTop=document.forms[0].elements[0].value;
        moveLeft=document.forms[0].elements[1].value;
        moveobj.style.top=moveTop;
        moveobj.style.left=moveLeft;
        if ((moveTop>document.body.offsetHeight||moveTop<0)||(moveLeft>document.body.offsetWidth||moveLeft<0))
        {
            moveobj.style.top=200;
            moveobj.style.left=300;
        }
    }
    //-->
</script>
<form action="javascript:moveit()">
    <div align="center">
        <p>top:
        <input type="text" size="5" name=topnum value="100">
        left:
        <input type="text" size="5" name=leftnum value="200">
        <input type=submit value="移动" name="submit">
        请输入新的位置</p>
    </div>
</form>
<div id="moveobj"><img src="pic/pic.jpg" width="215" height="180" /></div>
```

其中，top：<input type="text" size="5" name=topnum value="100">定义了图片初始位置距离网页顶端的距离为 100；left：<input type="text" size="5" name=leftnum value="200">定义了图片初始位置距离网页左侧的距离为 200，网页在运行过程中，分别在文本框中修改这两个值，可以改变图片的位置。测试网页，得到如图 7-2 所示效果。

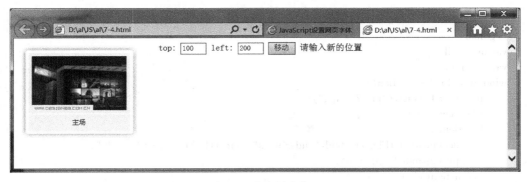

图 7-2　改变图片位置

7.2.2　鼠标拖动滑块改变图片大小

本节主要介绍通过拖动滑块来控制图片改变大小的方法，为了方便对比观察，在案例中先添加一张原始图像。打开 Dreamweaver 软件，新建网页文件，修改标题信息为"拖动滑块控制图片显示大小",添加下面例 7-5 中的代码到<head>和</head>之间,用来定义图片显示区域。

例 7-5 鼠标拖动滑块改变图片大小。

```
<style>
    *{margin:0;padding:0;font-size:12px;}
    .btn{width:50px;height:15px;cursor:pointer;}
    #picViewPanel{margin:5 50 0 50px;width:500px; height:600px;overflow:auto;text-align:center;
        border:solid 1px #cccccc;}
    #slider{margin:0 50px;height:15px;width:500px;border:1px solid #000000;position:relative;}
    #sliderLeft{height:13px; width:13px;float:left;border:1px solid #cccccc;cursor:pointer;}
    #sliderBlock{height:13px; width:50px;border:1px solid #cccccc;position:absolute;top:0;left:
        113px;cursor:pointer;background:#cccccc;text-align:center;}
    #sliderRight{height:13px;width:13px;float:right;border:1px solid #cccccc;cursor:pointer;}
</style>
```

添加下面代码到<body>和</body>之间,用来定义图片显示状态以及滑块区域样式。

```
<div id="picViewPanel">
    <p><img src="pic/7-7.jpg"name="img1"width="215"height="180" id="img1"></p>
    <p> </p>
</div>
<div id="slider">
    <span id="sliderLeft"><<</span>
    <span id="sliderRight">>></span>
    <span id="sliderBlock">==</span>
</div>
```

最后,再次添加下面控制程序代码到网页</html>命令之前,实现对网页内图片的大小控制。

```
<script>
//golbal
var pv=null;
var sd=null;
window.onload=function(){
    pv=new PicView("pic/7-7.jpg");
    sd=new Slider(
        function(p1){
            document.getElementById("sliderBlock").innerHTML=2*p1+"%";
            pv.expand(2*p1/100);
        },function(){});
}
var PicView=function(url,alt){
    this.url=url;
    this.obj=null;
    this.alt=alt?alt:"";
    this.realWidth=null;
    this.realHeight=null;
    this.zoom=1;
    this.init();
```

```
}
PicView.prototype.init=function(){
    var _img=document.createElement("img");
    _img.src=this.url;
    _img.alt=this.alt;
    _img.style.zoom=this.zoom;
    document.getElementById("picViewPanel").appendChild(_img);
    this.obj=_img;
    this.realWidth=_img.offsetWidth;
    this.realHeight=_img.offsetHeight;
}
PicView.prototype.reBind=function(){
    this.obj.style.width= this.realWidth*this.zoom+"px";
    this.obj.style.height=this.realHeight*this.zoom+"px";
}
PicView.prototype.expand=function(n){
    this.zoom=n;
    this.reBind();
}
var Slider=function(ing,ed){
    this.block=document.getElementById("sliderBlock");
    this.percent=0;
    this.value=0;
    this.ing=ing;
    this.ed=ed;
    this.init();
}
Slider.prototype.init=function(){
    var _sx=0;
    var _cx=0;
    var o=this.block;
    var me=this;
    o.onmousedown=function(e){
        var e=window.event||e;
        _sx=o.offsetLeft;
        _cx=e.clientX-_sx;
        document.body.onmousemove=move;
        document.body.onmouseup=up;
    };
    function move(e){
        var e=window.event||e;
        var pos_x=e.clientX - _cx;
        pos_x=pos_x<13?13:pos_x;
        pos_x=pos_x>248+15-50?248+15-50:pos_x;
        o.style.left= pos_x+"px";
        me.percent=(pos_x-13)/2;
        me.ing(me.percent);
    }
    function up(){
        document.body.onmousemove=function(){};
        document.body.onmouseup=function(){};
```

```
        }
    }
</script>
```

执行程序，运行结果如图 7-3 所示，拖曳滑块，可以改变区域内下面图像的大小。

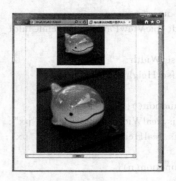

图 7-3　改变图片大小效果

7.2.3　不断闪烁的图片

在网页中，经常见到图片不断闪烁的特殊效果，本节主要介绍不断闪烁的图片效果的使用方式。关键代码如图 7-4 所示。

```
 6   </head>
 7
 8   <body>
 9   <img id="imgid" style="visibility:visible" src="pic/7-7.jpg" />
10   <script type="text/javascript">
11   function show(){
12       var imgid=document.getElementById("imgid");
13       if(imgid.style.visibility == "visible")
14           imgid.style.visibility = "hidden";
15       else
16           imgid.style.visibility = "visible";
17       setTimeout('show()',100);
18   }
19   show();
20   </script>
21
22   </body>
23   </html>
```

图 7-4　不断闪烁的图片代码

例 7-6　不断的闪烁图片，在 Dreamweaver 软件中新建空白网页，并插入图像 7-7.jpg 文件，修改图片 ID 为"imgid"，标题信息为"不断闪烁的图片"。代码如下：

```
<html>
<head>
<meta http-equiv="Content-Type" content="text/html; charset=utf-8" />
<title>不断闪烁的图片</title>
</head>
<body>
```

```
<img src="pic/7-7.jpg" name="imgid" id="imgid" style="visibility:visible" />
<script type="text/javascript">
function show(){
    var imgid=document.getElementById("imgid");
    if(imgid.style.visibility=="visible")
        imgid.style.visibility="hidden";
    else
        imgid.style.visibility="visible";
    setTimeout('show()',100);
}
show();
</script>
</body>
</html>
```

通过不断修改图片"imgid"的 visibility 取值，来对图像的显示/隐藏状态进行修改，从而实现了图片不断闪烁的动态效果。其中，通过 setTimeout('show()',100)语句来设置图片闪烁的间隔时间，如果将参数 100 增加，则图片闪烁的频率将会降低；如果参数 100 减小，则图片闪烁的频率将会增加。

7.3 时间和日期特效

本节主要介绍 JavaScript 网页时间和日期特效，主要包括标题栏显示分时问候语、显示当前系统时间，以及星期查询等功能。这里主要使用到 Date 对象的属性和方法，来获得日期、时间等信息，并将获得的内容在不同位置显示出来。Date 对象主要包含 set 和 get 两个方法，set 用于设置时间和日期值，get 用于获取时间和日期值。

7.3.1 标题栏显示分时问候语

本节主要实现的是根据系统时间的不同，在标题栏中显示不同的问候语，在 Dreamweaver 软件中新建空白网页，将下面例 7-7 的代码插入<head>和</head>之间。

例 7-7 标题栏显示分时问候语。

扫一扫

```
<script language="javaScript">
<!--
now=new Date(),hour=now.getHours()
var msg="分时问候"
if(hour < 6){msg="凌晨好!"}
else if (hour < 9){msg="早上好!"}
else if (hour < 12){msg="上午好!"}
else if (hour < 14){msg="中午好!"}
else if (hour < 17){msg="下午好!"}
else if (hour < 19){msg="傍晚好!"}
else if (hour < 22){msg="晚上好!"}
else {msg="夜里好!"}
window.document.title=msg
</script>
```

其中，参数 now 和 hour 分别提取了系统日期与当前时间；参数 msg 根据不同时间被赋予了不同的问候语，根据 hour 时间的不同取值，在窗口的标题栏中显示 msg 的文本信息。运行效果如图 7-5 所示。

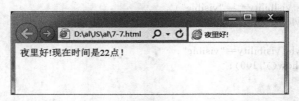

图 7-5　分时显示问候语

图 7-5 中页面内显示信息，可以通过在<body>和</body>内添加如图 7-6 所示代码来实现。document. write()实现在网页中直接显示文字内容，document. write("现在时间是"＋hour＋"点!")实现在网页中显示当前时间。

```
<script language="javaScript">
<!--
now = new Date(),hour = now.getHours()
if(hour < 6){document.write("凌晨好!")}
else if (hour < 9){document.write("早上好!")}
else if (hour < 12){document.write("上午好!")}
else if (hour < 14){document.write("中午好!")}
else if (hour < 17){document.write("下午好!")}
else if (hour < 19){document.write("傍晚好!")}
else if (hour < 22){document.write("晚上好!")}
else {document.write("夜里好!")}
document.write("现在时间是"+hour+"点! ")
// -->
</script>
```

图 7-6　页面内提示信息的代码

7.3.2　显示当前系统时间

可以通过 now 来分别提取系统时间的时和分两个部分，但是需要注意的是，提取出来的值都为数值类型。如果要显示成如图 7-7 所示的时间格式，可以添加如图 7-8 所示的代码。

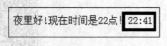

图 7-7　显示当前系统时间

```
var msg1=now.getHours()
var msg2=now.getMinutes()
document.write (String(msg1)+":"+String(msg2))
```

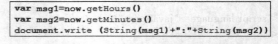

图 7-8　显示当前系统时间的代码

7.3.3　星期查询功能

通过 Date 对象提取系统日期后，可以通过 getDay()方法获得星期几的取值。添加如图 7-9 所示的代码在网页的<body>和</body>之间。

执行程序后，根据取值判断，将在网页中显示“今天是周※”的文字信息。

```
now = new Date()
var week;
if(now.getDay()==0) week="周日"
if(now.getDay()==1) week="周一"
if(now.getDay()==2) week="周二"
if(now.getDay()==3) week="周三"
if(now.getDay()==4) week="周四"
if(now.getDay()==5) week="周五"
if(now.getDay()==6) week="周六"
document.write("今天是"+week)
```

图7-9　星期查询功能的代码

7.4　鼠　标　特　效

本节主要介绍JavaScript网页鼠标特效，主要涉及屏蔽鼠标右键，获取鼠标位置坐标，移动改变鼠标外观等功能。

7.4.1　屏蔽鼠标右键

本节主要介绍通过JavaScript实现屏蔽鼠标右键的方法，浏览者在访问网页时就不能够再右击了。

例7-8　首先在body里加入onmousedown="rclick()" oncontextmenu="nocontextmenu()"，然后在<body>和</body>之间添加如下代码。

```
<script language="javascript">
<!--
function rclick()
{
    if(document.all) {
        if (event.button==2){
            event.returnvalue=false;
        }
    }
}
-->
</script>
```

7.4.2　获取鼠标位置坐标

用JavaScript获取当前页面上鼠标（光标）位置在许多情况下都会用到，比如，拖放、悬停提示（tooltip）等。本节主要介绍JavaScript获取鼠标位置的方法，结合实例形式详细分析JavaScript响应鼠标事件获取并操作页面元素属性的相关技巧。

例7-9　新建网页文件，修改标题为"获取鼠标位置坐标"，并将代码添加到<body>和</body>之间。

```
<script>
```

```
function mouseMove(ev)
{
    ev=ev || window.event;
    var mousePos=mouseCoords(ev);
    document.getElementById("xxx").value=mousePos.x;
    document.getElementById("yyy").value=mousePos.y;
}
function mouseCoords(ev)
{
    if(ev.pageX || ev.pageY){
        return {x:ev.pageX, y:ev.pageY};
    }
    return {
        x:ev.clientX + document.body.scrollLeft - document.body.clientLeft,
        y:ev.clientY + document.body.scrollTop - document.body.clientTop
    };
}
document.onmousemove=mouseMove;
</script>
鼠标 X 轴:
<input id=xxx type=text>

鼠标 Y 轴:
<input id=yyy type=text>
```

首先声明 event 对象,无论移动、单击、按键等,都会激活一个 event,event 是全局变量,被存储在 window.event 里。当将 mouseMove()函数赋值给 document.onmousemove,mouseMove 会获取鼠标移动事件,从而记录新的鼠标位置。

运行程序,通过文本框的方式输出显示了坐标位置,如图 7-10 所示。随着鼠标的移动,文本框中的数值会不断发生改变。

图 7-10 提取鼠标位置

7.4.3 移动改变鼠标外观

在网页中,经常会看到当鼠标移动到某个元素的区域上,鼠标指针改变原有样式,这一节介绍一下这个效果的实现方式。打开 Dreamweaver 软件,插入 2 行 1 列,宽 200 像素的表格,并居中在第一行中插入图像文件 7-7.jpg,预览网页效果如图 7-11 所示。

例 7-10　将如下代码添加到<head>和</head>之间,实现单击隐藏菜单。

```
<script language="javascript" type="text/javascript">    //实现单击隐藏
    function menuChange(obj,menu)
    {
        if(menu.style.display=="none")
        {
            menu.style.display="";
```

扫一扫

图 7-11 网页初始状态

```
            }
            else
            {
                menu.style.display="none";
            }
        }
</script>
```

修改图片所在行代码，如下所示：

```
<tr style="cursor:crosshair">
    <td onmouseover="this.className='menu_title2';" onmouseout="this.className='menu_title';" onclick="menuChange(this,menu1);">
    <img src="pic/7-7.jpg" name="img1" width="200" height="200" id="img1" style="cursor:hand"/></td>
</tr>
```

其中，通过 style="cursor:crosshair"语句，对在该行范围内鼠标指针样式进行了重新定义。当今多数浏览器支持如图 7-12 所示的指针样式，希望鼠标指针移动到某个元素上改变鼠标指针样式，只需将鼠标指针在这个元素的样式里加上 cursor:（样式名称）即可。案例中将鼠标指针样式定义为 crosshair 样式。

auto	move	no-drop	col-resize
all-scroll	pointer	not-allowed	row-resize
crosshair	progress	e-resize	ne-resize
default	text	n-resize	nw-resize
help	vertical-text	s-resize	se-resize
inherit	wait	w-resize	sw-resize

图 7-12 鼠标指针样式

为第二个单元格添加如下代码：

```
<td><div class="sec_menu" id="menu1" style="display:none;">
        …菜单一…
        …菜单二…
</div></td>
```

实现了单击图片后弹出菜单的效果。如图 7-13 所示,鼠标指针移动到图片上方时,显示成"＋"状态,单击后弹出菜单,再次单击时,隐藏菜单。

图 7-13 改变鼠标指针样式并弹出菜单

7.5 菜 单 特 效

本节主要介绍 JavaScript 网页菜单特效,主要涉及左键弹出菜单、下拉菜单、滚动菜单控制等功能。

7.5.1 左键弹出菜单

例 7-11 打开 Dreamweaver 软件,新建空白网页,将代码添加到＜body＞和＜/body＞之间。

```
<script language="javascript">
document.onclick=popUp
function popUp() {
    newX=window.event.x + document.body.scrollLeft
    newY=window.event.y + document.body.scrollTop
    menu=document.all.itemopen
    if ( menu.style.display==""){
        menu.style.display="none"
    }
    else {
        menu.style.display=""
    }
    menu.style.pixelLeft=newX - 50
    menu.style.pixelTop=newY - 50
}
</script>
<table id="itemopen" class="box" style="display:none">
<tr><td><a href="#" class="cc">弹出菜单一</a></td></tr>
<tr><td><a href="#" class="cc">弹出菜单二</a></td></tr>
<tr><td><a href="#" class="cc">弹出菜单三</a></td></tr>
<tr><td><a href="#" class="cc">弹出菜单四</a></td></tr>
```

</table>

其中,JavaScript 部分用来定义弹出效果,页面内<table>和</table>之间用来设置显示的菜单内容。执行效果如图 7-14 所示。

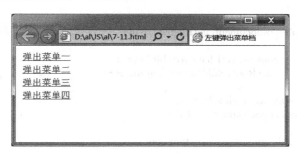

图 7-14 左键弹出菜单

7.5.2 下拉菜单

例 7-12 在网页中,下拉菜单是经常使用的一种页面效果。在网页<head>和</head>之间添加如图 7-15 所示的代码,来定义菜单样式与显示隐藏样式。

```
<style type="text/css">
<!--
body {
font: normal 11px verdana;
}
ul {
margin: 0;
padding: 0;
list-style: none;
width: 150px; /* Width of Menu Items */
border-bottom: 1px solid #ccc;
}
ul li {
position: relative;
}
li ul {
position: absolute;
left: 149px; /* Set 1px less than menu width */
top: 0;
display: none;
}
/* Styles for Menu Items */
ul li a {
display: block;
text-decoration: none;
color: #777;
background: #fff; /* IE6 Bug */
padding: 5px;
border: 1px solid #ccc; /* IE6 Bug */
border-bottom: 0;
}
/* Holly Hack. IE Requirement \*/
* html ul li { float: left; height: 1%; }
* html ul li a { height: 1%; }
/* End */
li:hover ul, li.over ul { display: block; } /* The magic */
--></style>
```

图 7-15 菜单样式定义的代码

扫一扫

在＜head＞和＜/head＞之间继续添加如下代码,实现对菜单列表的控制。

```javascript
<script language="javascript">
//JavaScript Document
startList=function()
{
    if (document.all&&document.getElementById)
    {
        navRoot=document.getElementById("nav");
        for (i=0; i<navRoot.childNodes.length; i++)
        {
            node=navRoot.childNodes;
            if (node.nodeName=="LI")
            {
                node.onmouseover=function()
                {
                    this.className+=" over";
                }
                node.onmouseout=function()
                {
                    this.className=this.className.replace("over", "");
                }
            }
        }
    }
}
window.onload=startList;
</script>
```

同时,在＜body＞和＜/body＞之间添加如图 7-16 所示代码,设置菜单内容,并暂时设定了菜单空链接跳转。

运行程序,执行效果如图 7-17 所示,当鼠标指针悬停在主菜单上时,会显示出下一级菜单内容,单击菜单选项可进行空链接跳转。

```html
<ul id="nav">
<li><a href="#">主页</a></li>
<li><a href="#">关于我们</a>
<ul>
<li><a href="#">公司文化</a></li>
<li><a href="#">公司团队</a></li>
<li><a href="#">公司业务</a></li>
</ul>
</li>
<li><a href="#">公司服务</a>
<ul>
<li><a href="#">网站设计</a></li>
<li><a href="#">网络运营</a></li>
<li><a href="#">历史记录</a></li>
<li><a href="#">经典案例</a></li>
<li><a href="#">案例展示</a></li>
</ul>
</li>
<li><a href="#">联系我们</a>
<ul>
<li><a href="#">欧洲</a></li>
<li><a href="#">法国</a></li>
<li><a href="#">美国</a></li>
<li><a href="#">澳大利亚</a></li>
</ul>
</li>
</ul>
```

图 7-16 设置下拉菜单内容的代码

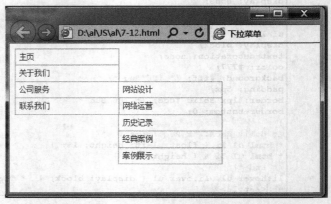

图 7-17 下拉菜单运行效果

7.5.3 滚动菜单

本节主要介绍网页特效中的滚动菜单效果。如图 7-18 所示，鼠标悬停在某一层主菜单后，打开不同分类菜单，可以进行菜单项选择。

例 7-13 首先，在<head>和</head>中添加如下代码，进行样式定义。

图 7-18 滚动菜单效果　　　　　　　　　　扫一扫

```
<style type="text/css">
body{
   margin:10px;
   padding:10px;
}
a:link { text-decoration: none;color: blue}
a:active { text-decoration:blink}
a:hover { text-decoration:underline;color: red}
a:visited { text-decoration: none;color: green}
body,td,div,span,li{
   font-size:12px;
}
.title01,.title02{
   color:#00b;
   font-weight:bold;
}
#DoorP{
   width:200px;
   height:300px;
   padding:0px;
   background:#FFFCF2;
   overflow:hidden;
}
.title01{
```

```css
    width:100%;
    height:25px;
    background:#FFFCF2;
    cursor:pointer;
}
.title02{
    width:100%;
    height:25px;
    background:#FFFCF2;
    cursor:pointer;
}
.zzjs__net{
    background:#FFFCF2;
    border-bottom:2px solid #fff;
    overflow:hidden;
    color:#666;
    padding-left:4px;
    padding-right:4px;
    line-height:18px;
}
.www_zzjs_net {
    width:202px;
}
.www_zzjs_net .b1, .www_zzjs_net .b2, .www_zzjs_net .b3, .www_zzjs_net .b4 {
    font-size:1px;
    display:block;
    background:#FFFCF2;
overflow: hidden;
}
.www_zzjs_net .b1, .www_zzjs_net .b2, .www_zzjs_net .b3 {
    height:1px;
}
.www_zzjs_net .b2, .www_zzjs_net .b3, .www_zzjs_net .b4 {
    background:#FFFCF2;
    border-left:1px solid #C7BC98;
    border-right:1px solid #C7BC98;
}
.www_zzjs_net .b1 {
    margin:0 4px;
    background:#C7BC98;
}
.www_zzjs_net .b2 {
    margin:0 2px;
    border-width:0 2px;
}
.www_zzjs_net .b3 {
    margin:0 1px;
}
.www_zzjs_net .b4 {
    height:2px;
    margin:0;
}
.www_zzjs_net .c1 {
```

```
    margin:0 5px;
    background:#C7BC98;
}
.www_zzjs_net .c2 {
    margin:0 3px;
    border-width:0 2px;
}
.www_zzjs_net .c3 {
    margin:0 2px;
}
.www_zzjs_net .c4 {
    height:2px;
    margin: 0 1px;
}
.www_zzjs_net .zzjs_net {
    display:block;
    background:transparent;
    border-left:1px solid #C7BC98;
    border-right:1px solid #C7BC98;
    font-size:0.9em;
    text-align:justify;
}
</style>
```

其次,在<body>…</body>中,添加如下代码,来实现鼠标指针经过时可以进行判断和选择。<table>…</table>中的内容为网页页面呈现静态文本等内容,其后的JavaScript代码实现了交互功能。

```
<div class="www_zzjs_net">
    <b class="b1 c1"></b>
    <b class="b2 c2"></b>
    <b class="b3 c3"></b>
    <b class="b4 c4"></b>
    <div class="zzjs_net">
<div id="DoorP">
<!--设置显示内容-->
    <table>
     <tr>
     <td align="center">
      菜单一
     </td>
     </tr>
    </table>
<div class="zzjs__net" align="center">
    <a href="#">分类1-1</a><br/>分类1-2<br/>分类1-3<br/>
</div>
        <b class="b1"></b>
        <b class="b2"></b>
        <b class="b3"></b>
        <b class="b4"></b>
<table>
     <tr>
```

```html
        <td align="center">
           菜单二
        </td>
      </tr>
    </table>
    <div class="zzjs__net" align="center">
       <a href="#">分类2-1</a><br/>分类2-2<br/>分类2-3<br/>
    </div>
       <b class="b1"></b>
       <b class="b2"></b>
       <b class="b3"></b>
       <b class="b4"></b>
    <table>
      <tr>
        <td align="center">
           菜单三
        </td>
      </tr>
    </table>
    <div class="zzjs__net" align="center">
       <a href="#">分类3-1</a><br/>分类3-2<br/>分类3-3<br/>
    </div>
</div></div>
     <b class="b4 c4"></b>
     <b class="b3 c3"></b>
     <b class="b2 c2"></b>
     <b class="b1 c1"></b>

<!--设置互动效果-->
<script type="text/javascript">
   var open=2;
   var openState=new Array();
   var closeState=new Array();
   var dH=220;
function $(id){
   if(document.getElementById(id))
   {
      return document.getElementById(id);
   }
   else
   {
      alert("没有找到!");
   }
}
function $tag(id,tagName){
   return $(id).getElementsByTagName(tagName);
}
function closeMe(Cid,Oid){
   var h=parseInt(Ds[Cid].style.height);
   //alert(h);
   if(h>2)
   {
      h=h - Math.ceil(h/3);
```

```javascript
      Ds[Cid].style.height=h+"px";
    }
    else
    {
      openMe(Oid);
      clearTimeout(closeState[Cid]);
      return false;
    }
    closeState[Cid]=setTimeout("closeMe("+Cid+","+Oid+")");
}
function openMe(Oid){
    var h=parseInt(Ds[Oid].style.height);
    //alert(h);
    if(h < dH)
    {
      h=h + Math.ceil((dH-h)/3);
      Ds[Oid].style.height=h+"px";
    }
    else
    {
      clearTimeout(openState[Oid]);
      return false;
    }
    openState[Oid]=setTimeout("openMe("+Oid+")");
}
var Ds=$tag("DoorP","div");
var Ts=$tag("DoorP","table");
if(Ds.length!=Ts.length)
{
      alert("标题和内容数目不相同!");
}
for(var i=0 ; i < Ds.length ; i++)
{
      if(i==open)
      {
          Ds[i].style.height=dH+"px";
          Ts[i].className="title01";
      }
      else
      {
          Ds[i].style.height="0px";
          Ts[i].className="title02";
      }
      Ts[i].value=i;
      Ts[i].onmouseover=function(){
        if(open==this.value)
        {
            return false;
        }
        Ts[open].className="title02";
        Ts[this.value].className="title01";
        for(var i=0 ; i < openState.length ; i++)
        {
```

```
            clearTimeout(openState[i]);
            clearTimeout(closeState[i]);
        }
        closeMe(open,this.value);
        //openMe(this.value);
        open=this.value;
    }
}
function showDiv(id){
    Ds[id].style.height=dH+"px";
    Ds[open].style.height="0px";
    open=id;
}
</script>
```

7.6 表单特效

本节主要介绍 JavaScript 网页表单特效，主要涉及控制用户输入字符个数，设置单选按钮，设置复选框，设置下拉菜单等功能。

表单是一个由文本和表单域组成的集合，是为 Internet 网络用户在浏览器上建立一个交互接口，使 Internet 网络用户可以在这个接口上输入自己的信息，然后使用"提交"按钮，将 Internet 网络用户的输入信息传送给 Web 服务器。每个表单由一个表单域和若干个表单元素组成，所有表单元素要放到表单域中才会生效。表单标签是<form>，主要元素有文本、单选按钮、复选框、列表/菜单、跳转菜单、图像域、按钮、标签等，根据页面需要进行选择使用。

7.6.1 控制用户输入字符个数

<textarea>是常用表单元素之一，主要进行文本信息的输入。在网页中，经常会看到有些地方需要浏览者输入文本信息，而且输入字符数量有一定的限制，本节介绍的是对用户输入字符个数进行限制的一种方法。打开 Dreamweaver 软件，新建网页。对于长度的判断，分别为对最大字符数判断，针对字符和汉字进行判断，以及对于文字超出限制长度时进行约束。

例 7-14 将如下代码插入<head>和</head>之间，用来实现对内容的长度判断与约束。

```
<title>限制表单输入长度</title>
<script>
function lengthLimit(elem, showElem, max){
    var elem=document.getElementById(elem);
    var showElem=document.getElementById(showElem);
    var max=max || 50;                           //最大限度字符,汉字按两个字符计算
    function getTextLength(str){                 //获取字符串的长度,一个汉字为2个字符
        return str.replace(/[^\x00-\xff]/g,"xx").length;
    };
    //监听 textarea 的内容变化
    if(/msie (\d+\.\d)/i.test(navigator.userAgent)==true) {    //区分浏览器
        elem.onpropertychange=textChange;
```

```
        }else{
            elem.addEventListener("input", textChange, false);
        }
        function textChange(){                          //内容变化时的处理
            var text=elem.value;
            var count=getTextLength(text);
            if(count>max){                              //文字超出,截断
                for(var i=0; i<text.length; i++){
                    if(getTextLength(text.substr(0, i))>=max){
                        elem.value=text.substr(0, i);
                        break;
                    };
                }
            }
            else{ break;
            };
        };
        textChange();                                   //加载时先初始化
    };
</script>
```

在<body>和</body>之间添加如下代码,显示页面内必要信息,实现对前面判断的引用。

```
<form id="form1" name="form1" method="post" action="">
    <table width="500" border="0" cellspacing="0" cellpadding="0">
        <tr>
            <td width="98">留言</td>
            <td width="402"><textarea name="textarea" cols="50" rows="5" id="commentText">
            </textarea></td>
        </tr>
        <tr>
            <td> </td>
            <td>最多输入 20 个汉字或者 40 个字符</td>
        </tr>
    </table>
    <div id="dsa"></div>
<script type="text/javascript">
lengthLimit("commentText", "dsa", 40);
</script>
</form>
```

运行程序,执行效果如图 7-19 所示,当输入内容达到指定字符数时,不能再继续添加内容。

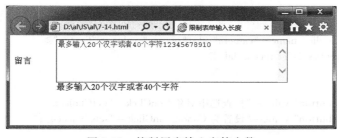

图 7-19 控制用户输入字符个数

7.6.2 设置单选按钮

单选按钮在网页中是比较常用的一类表单元素,通过遍历单选按钮组所有选项,确定被选择的选项,提取选项内容,并通过对话框反馈选项内容信息。

例 7-15 将如下代码添加在<head>和</head>之间,实现对按钮发送事件的定义,获得选项取值。

```
<script language="javascript">
function getChoice(){
  var oForm=document.forms["myForm1"];
  var aChoice=oForm.camera;
  for(i=0;i<aChoice.length;i++)
  \if(aChoice[i].checked)
  break;
  alert("您使用的相机品牌是:"+aChoice[i].value);
}
function setChoice(iNum){
  var oForm=document.forms["myForm1"];
  oForm.camera[iNum].checked=true;
}
</script>
```

扫一扫

在<body>和</body>之间设置如下代码,设置页面显示内容。其中,通过语句onClick="getChoice();",实现单击按钮时调用前面<head>和</head>中getChoice()。

```
<form method="post" name="myForm1" action="">
<p>您喜欢的相机品牌</p>
<p>
<input type="radio" name="camera" id="canon" value="Canon">
<label for="canon">Canon</label>
</p>
<p>
<input type="radio" name="camera" id="nikon" value="Nikon">
<label for="nikon">Nikon</label>
</p>
<p>
<input type="radio" name="camera" id="sony" value="Sony">
<label for="sony">SONY</label>
</p>
<p>
<input type="radio" name="camera" id="pentax" value="Tentax">
<label for="pentax">Tentax</label>
</p>
<p>
<input type="button" value="检查选中对象" onClick="getChoice();">
<input type="button" value="设置为Canon" onClick="setChoice(0);">
</p>
</form>
```

运行程序,执行结果如图 7-20 所示,选择某一项时,单击"检查选中对象"按钮,提取单选按钮选项内容信息,并弹出反馈对话框。单击"设置为 Canon"按钮时,无论原来选的是哪一项,都将设置 Canon 单选按钮为被选中状态。

图 7-20　设置单选按钮

7.6.3　设置复选框

复选框在网页中有大量应用,通常会看到有一些选项信息中,可以同时选中多个选项,这需要对表单复选框元素进行设置。

例 7-16　打开 Dreamweaver 软件,将如下代码添加到<body>和</body>之间。

```
<table border="1">
    <tr>
        <th><input type="checkbox" class="choose-all-input" onclick="clickChooseAllInput()" checked="checked" style="display:none"/>
        选择</th>
        <th>学号</th>
        <th>姓名</th>
        <th>班级</th>
    </tr>
    <tr>
        <td><input type="checkbox" class="choose-single" /></td>
        <td>001</td>
        <td>张三</td>
        <td>李四</td>
    </tr>
    <tr>
        <td><input type="checkbox" class="choose-single" /></td>
        <td>002</td>
        <td>F20</td>
        <td>F20</td>
    </tr>
</table>
<button onclick="clickChooseAllBtn()">全选</button>
<button onclick="clickChooseReverse()">反选</button>
```

```
        </body>
        <script type="text/javascript">
            var chooseAllInputEle=document.getElementsByClassName("choose-all-input")[0];
            var chooseSingleEles=document.getElementsByClassName("choose-single");
            function clickChooseAllInput() {
                if (chooseAllInputEle.checked) {
                    choose("selected");
                } else {
                    choose("");
                }
            }
            function clickChooseAllBtn() {
                chooseAllInputEle.checked="checked";
                choose("selected");
            }
            function choose(status) {
                for (var i=0; i < chooseSingleEles.length; i++) {
                    chooseSingleEles[i].checked=status;
                }
            }

            function clickChooseReverse() {
                for (var i=0; i < chooseSingleEles.length; i++) {
                    if (chooseSingleEles[i].checked) {
                        chooseSingleEles[i].checked="";
                    } else {
                        chooseSingleEles[i].checked="checked";
                    }
                }
            }
        </script>
```

其中,在"选择"单元格中的复选框并没有显示出来,通过 style="display:none",实现对标题行复选框的隐藏。

运行程序,执行结果如图 7-21 所示,当单击"全选"按钮时,上方复选框可同时被选中多项;当单击"反选"按钮时,原来选择的复选框被取消,原来没有选择的复选框被选择。

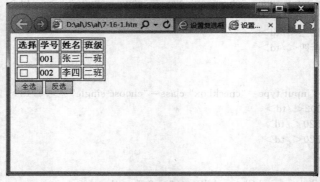

图 7-21 设置复选框

7.6.4 设置下拉菜单

下拉菜单中最重要的莫过于访问被用户选中的选项,对于单选下拉菜单可以通过 selectedIndex 属性轻松地访问到选项。

例 7-17 在＜head＞…＜/head＞中,添加如下代码,设置提示信息。

扫一扫

```
<script language="javascript">
function checkSingle(){
    var oForm=document.forms["myForm1"];
    var oSelectBox=oForm.constellation;
    var iChoice=oSelectBox.selectedIndex;        //获取选中项
    alert("您选中了:"+oSelectBox.options[iChoice].text);
}
</script>
```

其中,通过 oSelectBox.options[iChoice].text 来获得选项取值。在＜body＞…＜/body＞中添加如下代码,设置页面显示内容与交互。

```
<form method="post" name="myForm1" action="">
<table width="200" border="0" cellspacing="0" cellpadding="0">
    <tr>
        <td><p>请选择城市
            <select id="constellation" name="constellation">
                <option value="Aries" selected="selected">北京</option>
                <option value="Taurus">上海</option>
                <option value="Gemin">天津</option>
                <option value="Leo">深圳</option>
                <option value="Virgo">内蒙古</option>
            </select>
        </p></td>
    </tr>
    <tr>
        <td><input type="button" value="查看选项" onclick="checkSingle();" /></td>
    </tr>
</table>
<p> </p>
</form>
```

执行程序,运行结果如图 7-22 所示,通过下拉菜单选择内容后,单击"查看选项"按钮,会弹出提示框,反馈选择的内容。

综合案例,请扫一扫

课后练习

1. 编写一个 JavaScript 程序,获取前天、昨天、今天、明天、后天和大后天的日期,并展现在网页中,页面内容如图 7-23 所示。

2. 编写一个 JavaScript 程序,实现复选框的全选、全不选以及反选功能,网页呈现效果如图 7-24 所示。

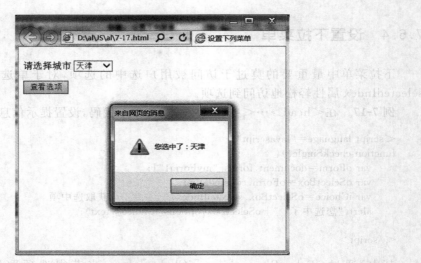

图 7-22 设置下拉菜单

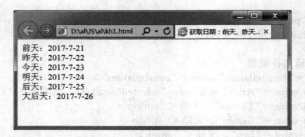

图 7-23 获取日期

图 7-24 设置复选框

第8章

jQuery 基 础

学习目标

了解 jQuery 的概念。

掌握 jQuery 的操作。

8.1 jQuery 概述

8.1.1 jQuery 简介

jQuery 的起源要从 JavaScript 说起。JavaScript 是网景公司在它自己的 LiveScript 基础上产生的。JavaScript 的出现是前台脚本语言发展的一个里程碑。它是一种基于对象的事件驱动的解释的语言。它的实时性、跨平台、开发使用简单并且相对安全的特点决定了它在 Web 前台设计中的重要地位。

但是，随着浏览器种类的推陈出新，JavaScript 的兼容性受到了挑战。对前台设计效果的要求越来越高，于是，JavaScript 语言本身的设计能力变得捉襟见肘。2006 年，美国人 John Resig 创建了 JavaScript 的另一个框架，它就是 jQuery。

与 JavaScript 相比，jQuery 更简洁，浏览器的兼容性更强，语法更灵活，一个 $ 符号就可以遍历文档中的各级元素。

下面通过"隔行变色的表格"来具体说明 jQuery 的优势。

页面中经常会遇到各种各样的数据表格，例如，学校的人员花名册，公司的年度收入报表，股市的行情统计，等等。当表格的行列都很多，并且数据量很大时，单元格如果采用相同的背景色，用户在实际使用时会感到凌乱。通常的解决办法就是采用隔行变色，使得奇数行和偶数行的背景颜色不一样，达到数据一目了然的目的，效果如图 8-1 所示。

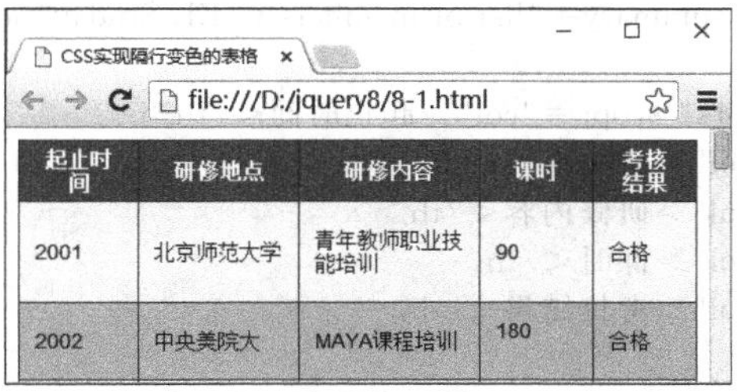

图 8-1 隔行变色效果图

对于纯 CSS 页面,要实现隔行变色的效果,通常是给偶数行的<tr>标签添加上单独的 CSS 样式,代码如下:

<tr class="altrow">

而奇数行保持表格本身的背景颜色不变,完整代码如例 8-1 所示。

例 8-1 CSS 实现隔行变色的表格。

```
<html>
<head>
<title>CSS 实现隔行变色的表格</title>
<style>
.datalist{
    border:1px solid #007108;
    font-family:Arial;
    border-collapse:collapse;
    background-color:#d9ffdc;
    font-size:14px;
}
.datalist th{
    border:1px solid #007108;
    background-color:#00a40c;
    color:#FFFFFF;
    font-weight:bold;
    padding-top:4px; padding-bottom:4px;
    padding-left:12px; padding-right:12px;
    text-align:center;
}
.datalist td{
    border:1px solid #007108;
    text-align:left;
    padding-top:4px; padding-bottom:4px;
    padding-left:10px; padding-right:10px;
}
.datalist tr.altrow{
    background-color:#a5e5aa;
}
</style>
</head>
<body>
<table class="datalist" summary="list of members in EE Studay" id="oTable">
    <tr>
        <th width="144" scope="col">起止时间</th>
        <th scope="col">研修地点</th>
        <th scope="col">研修内容</th>
        <th scope="col">课时</th>
        <th scope="col">考核结果</th>
    </tr>
    <tr>                         <!-- 奇数行 -->
        <td>2001</td>
        <td width="299"><p>北京师范大学 </p></td>
```

```html
            <td width="292"><p>青年教师职业技能培训 </p>
                </td>
            <td width="151"><p>90</p></td>
            <td width="134"><p>合格 </p></td>
        </tr>
        <tr class="altrow">          <!-- 偶数行 -->
            <td>2002</td>
            <td width="299"><p>中央美院</p></td>
            <td width="292"><p>MAYA课程培训 </p></td>
            <td width="151">180</p></td>
            <td width="134"><p>合格 </p></td>
        </tr>
        <tr>                          <!-- 奇数行 -->
            <td>2003</td>
            <td width="299"><p>北京电视广播大学 </p></td>
            <td width="292"><p>项目式教学培训 </p></td>
            <td width="151"><p align="left">90</p></td>
            <td width="134"><p>合格 </p></td>
        </tr>
        <tr class="altrow">          <!-- 偶数行 -->
            <td>2004</td>
            <td width="299"><p>首都师范大学 </p></td>
            <td width="292"><p>教学评价改革培训　</p></td>
            <td width="151"><p>80</p></td>
            <td width="134"><p>合格 </p></td>
        </tr>
        <tr>                          <!-- 奇数行 -->
            <td>2005</td>
            <td width="299"><p>百度培训中心 </p></td>
            <td width="292"><p>淘宝装修培训 </p></td>
            <td width="151"><p>90</p></td>
            <td width="134"><p>合格 </p></td>
        </tr>
        <tr class="altrow">          <!-- 偶数行 -->
            <td>2006</td>
            <td width="299"><p>百度培训中心 </p></td>
            <td width="292"><p>网站推广培训 </p></td>
            <td width="151"><p>100</p></td>
            <td width="134"><p>合格 </p></td>
        </tr>
        <tr>                          <!-- 奇数行 -->
            <td>2007</td>
            <td width="299"><p>北大青鸟培训中心 </p></td>
            <td width="292"><p>网站优化培训 </p></td>
            <td width="151"><p>85</p></td>
            <td width="134"><p>合格 </p></td>
        </tr>
        <tr class="altrow">          <!-- 偶数行 -->
            <td>2008</td>
            <td width="299"><p>北京理工大学 </p></td>
            <td width="292"><p>ITAT新兴产业高峰论坛培训 <br />
```

```html
                    移动互联培训 </p></td>
            <td width="151"><p>95</p></td>
            <td width="134"><p>合格 </p></td>
        </tr>
        <tr>                    <!-- 奇数行 -->
            <td>2009</td>
            <td width="299"><p>北京电视广播大学 </p></td>
            <td width="292"><p>远程教育培训 </p></td>
            <td width="151"><p>90</p></td>
            <td width="134"><p>合格 </p></td>
        </tr>
        <tr class="altrow">     <!-- 偶数行 -->
            <td>2010</td>
            <td width="299"><p>北京电视广播大学 </p></td>
            <td width="292"><p>微课培训 </p></td>
            <td width="151"><p>90</p></td>
            <td width="134"><p>合格 </p></td>
        </tr>
        <tr>                    <!-- 奇数行 -->
            <td>2011</td>
            <td width="299"><p>清华大学出版社 </p></td>
            <td width="292"><p>主编培训 </p></td>
            <td width="151"><p>90</p></td>
            <td width="134"><p>合格 </p></td>
        </tr>
        <tr class="altrow">     <!-- 偶数行 -->
            <td>2012</td>
            <td width="299"><p>北京电商联盟 </p></td>
            <td width="292"><p>网站优化培训 </p></td>
            <td width="151"><p>200</p></td>
            <td width="134"><p>合格 </p></td>
        </tr>
        <tr>                    <!-- 奇数行 -->
            <td>2013</td>
          <td>华东大学</td>
            <td>创新教育培训</td>
            <td width="151"><p>85</p></td>
            <td width="134" class="altrow"><p>合格 </p></td>
        </tr>
        <tr class="altrow">     <!-- 偶数行 -->
            <td>2013</td>
          <td>西安科技大学</td>
            <td>互联网+讨论会</td>
            <td width="151"><p>95</p></td>
            <td width="134"><p>合格 </p></td>
        </tr>
        <tr>                    <!-- 奇数行 -->
            <td>2014</td>
          <td>华中科技大学</td>
            <td>物联网的未来研讨会</td>
            <td width="151"><p>90</p></td>
```

```
        <td width="134" class="altrow"><p>合格 </p></td>
    </tr>
    <tr class="altrow">              <!-- 偶数行 -->
        <td>2015</td>
        <td>河北大学</td>
        <td>网络营销培训会</td>
        <td width="151"><p>90</p></td>
        <td width="134"><p>合格 </p></td>
    </tr>
    <tr>                             <!-- 奇数行 -->
        <td>2016</td>
        <td>西北大学</td>
        <td>创新教育新形式研讨会</td>
        <td width="151"><p>90</p></td>
        <td width="134" class="altrow"><p>合格 </p></td>
    </tr>
</table>
</body></html>
```

纯 CSS 设置隔行变色需要将表格中的所有的偶数行都手动加上单独的 CSS 类别样式，如果表格数据量大，则十分麻烦。另外，如果希望在某两行数据中间插入一行，则改动将更大。

当页面中引入 JavaScript 时，上述的情况得到了很好的改观，不再需要一行行手动添加 CSS 类别样式，只需用 for 循环遍历所有表格的行，当行号为偶数时则添加单独的 CSS 类别。

例 8-2 JavaScript 实现隔行变色的表格。

```
<html>
<head>
<title>JavaScript 实现隔行变色的表格</title>
<style>
<!--
.datalist{
    border:1px solid #007108;           /*表格边框*/
    font-family:Arial;
    border-collapse:collapse;           /*边框重叠*/
    background-color:#d9ffdc;           /*表格背景色*/
    font-size:14px;
}
.datalist th{
    border:1px solid #007108;           /*行名称边框*/
    background-color:#00a40c;           /*行名称背景色*/
    color:#FFFFFF;                      /*行名称颜色*/
    font-weight:bold;
    padding-top:4px; padding-bottom:4px;
    padding-left:12px; padding-right:12px;
    text-align:center;
}
.datalist td{
```

```
            border:1px solid #007108;        /*单元格边框*/
            text-align:left;
            padding-top:4px; padding-bottom:4px;
            padding-left:10px; padding-right:10px;
        }
        .datalist tr.altrow{
            background-color:#a5e5aa;         /*隔行变色*/
        }
        -->
        </style>
        <script language="javascript">
        window.onload=function(){
            var oTable=document.getElementById("oTable");
            for(var i=0;i<oTable.rows.length;i++){
                if(i%2==0)                    //偶数行时
                    oTable.rows[i].className="altrow";
            }
        }
        </script>
    </head>
    <body>
        <table class="datalist" summary="list of members in EE Studay" id="oTable">
            <tr>
                <th width="144" scope="col">起止时间</th>
                <th scope="col">研修地点</th>
                <th scope="col">研修内容</th>
                <th scope="col">课时</th>
                <th scope="col">考核结果</th>
            </tr>
            <tr>
                <td>2001</td>
                <td width="299"><p>北京师范大学 </p></td>
                <td width="292"><p>青年教师职业技能培训 </p>
                </td>
                <td width="151"><p>90</p></td>
                <td width="134"><p>合格 </p></td>
            </tr>
            <tr>
                <td>2002</td>
                <td width="299"><p>中央美院</p></td>
                <td width="292"><p>MAYA 课程培训 </p></td>
                <td width="151">180</p></td>
                <td width="134"><p>合格 </p></td>
            </tr>
            <tr>
                <td>2003</td>
                <td width="299"><p>北京电视广播大学 </p></td>
                <td width="292"><p>项目式教学培训 </p></td>
                <td width="151"><p align="left">90</p></td>
                <td width="134"><p>合格 </p></td>
            </tr>
```

```html
<tr>
    <td>2004</td>
    <td width="299"><p>首都师范大学 </p></td>
    <td width="292"><p>教学评价改革培训   </p></td>
    <td width="151"><p>80</p></td>
    <td width="134"><p>合格 </p></td>
</tr>
<tr>
    <td>2005</td>
    <td width="299"><p>百度培训中心 </p></td>
    <td width="292"><p>淘宝装修培训 </p></td>
    <td width="151"><p>90</p></td>
    <td width="134"><p>合格 </p></td>
</tr>
<tr>
    <td>2006</td>
    <td width="299"><p>百度培训中心 </p></td>
    <td width="292"><p>网站推广培训 </p></td>
    <td width="151"><p>100</p></td>
    <td width="134"><p>合格 </p></td>
</tr>
<tr>
    <td>2007</td>
    <td width="299"><p>北大青鸟培训中心 </p></td>
    <td width="292"><p>网站优化培训 </p></td>
    <td width="151"><p>85</p></td>
    <td width="134"><p>合格 </p></td>
</tr>
<tr>
    <td>2008</td>
    <td width="299"><p>北京理工大学 </p></td>
    <td width="292"><p>ITAT新兴产业高峰论坛培训 <br />
    移动互联培训 </p></td>
    <td width="151"><p>95</p></td>
    <td width="134"><p>合格 </p></td>
</tr>
<tr>
    <td>2009</td>
    <td width="299"><p>北京电视广播大学 </p></td>
    <td width="292"><p>远程教育培训 </p></td>
    <td width="151"><p>90</p></td>
    <td width="134"><p>合格 </p></td>
</tr>
<tr>
    <td>2010</td>
    <td width="299"><p>北京电视广播大学 </p></td>
    <td width="292"><p>微课培训 </p></td>
    <td width="151"><p>90</p></td>
    <td width="134"><p>合格 </p></td>
</tr>
<tr>
```

```html
            <td>2011</td>
            <td width="299"><p>清华大学出版社 </p></td>
            <td width="292"><p>主编培训 </p></td>
            <td width="151"><p>90</p></td>
            <td width="134"><p>合格 </p></td>
        </tr>
        <tr>
            <td>2012</td>
            <td width="299"><p>北京电商联盟 </p></td>
            <td width="292"><p>网站优化培训 </p></td>
            <td width="151"><p>200</p></td>
            <td width="134"><p>合格 </p></td>
        </tr>
        <tr>
            <td>2013</td>
            <td>华东大学</td>
            <td>创新教育培训</td>
            <td width="151"><p>85</p></td>
            <td width="134" ><p>合格 </p></td>
        </tr>
        <tr>
            <td>2013</td>
            <td>西安科技大学</td>
            <td>互联网＋讨论会</td>
            <td width="151"><p>95</p></td>
            <td width="134"><p>合格 </p></td>
        </tr>
        <tr>
            <td>2014</td>
            <td>华中科技大学</td>
            <td>物联网的未来研讨会</td>
            <td width="151"><p>90</p></td>
            <td width="134"><p>合格 </p></td>
        </tr>
        <tr>
            <td>2015</td>
            <td>河北大学</td>
            <td>网络营销培训会</td>
            <td width="151"><p>90</p></td>
            <td width="134"><p>合格 </p></td>
        </tr>
        <tr>
            <td>2016</td>
            <td>西北大学</td>
            <td>创新教育新形式研讨会</td>
            <td width="151"><p>90</p></td>
            <td width="134" ><p>合格 </p></td>
        </tr>
    </table>
  </body>
</html>
```

以上代码不再需要手动为偶数行逐一添加 CSS 类别，所有的操作都在 JavaScript 中完成。JavaScript 代码是由开发者自己设计的，运行结果如图 8-2 所示。另外，当需要对表格添加或删除某行时，也不需要修改变色的代码。

当 jQuery 引入页面中时，则不再需要开发者设计类似例 8-2 的算法，jQuery 中的选择器可以直接选中表格的奇数行或者偶数行。选中之后再添加类别样式即可。

图 8-2　JavaScript 实现隔行变色的表格

例 8-3　jQuery 实现隔行变色的表格。

```
<script language="javascript" src="jquery.min.js"></script>
<script language="javascript">
$(function(){
    $("table.datalist tr:nth-child(odd)").addClass("altrow");
});
</script>
```

扫一扫

以上 JavaScript 代码首先调用 jQuery 框架，然后使用 jQuery，只需一行代码便可以轻松实现表格的隔行变色，其语法也十分简单，后面的章节会陆续介绍，运行结果与例 8-1 和例 8-2 的运行结果完全相同。

8.1.2　jQuery 的功能

如今 jQuery 已经发展到集各种 JavaScript、CSS、DOM 和 AJAX 功能于一体的强大框架，可以用简单的代码轻松地实现各种网页效果。它的宗旨就是让开发者写更少的代码，做更多的事情。目前，jQuery 主要提供如下功能。

(1) 访问页面框架的局部。这是前面章节介绍的 DOM 模型所完成的主要工作之一，通过前面章节的示例也可以看到，DOM 获取页面中某个节点或者某一类节点有固定的方法，而 jQuery 则大大地简化了其操作的步骤。

(2) 修改页面的表现（presentation）。CSS 的主要功能就是通过样式风格来修改页面的表现。然而由于各个浏览器对 CSS3 标准的支持程度不同，使得很多 CSS 的特性没能很好地体现。jQuery 的出现很好地解决了这个问题，它通过封装好的 JavaScript 代码，使得各种浏览器都能很好地使用 CSS3 标准，极大地丰富了 CSS 的运用。

(3) 更改页面的内容。通过强大而方便的 API，jQuery 可以很方便地修改页面的内容，包括文本的内容、图片、表单的选项，甚至整个页面的框架。

(4) 响应事件。前面章节介绍了 JavaScript 处理事件的相关方法，而引入 jQuery 之后，可以更加轻松地处理事件，而且开发人员不再需要考虑讨厌的浏览器兼容性问题。

(5) 为页面添加动画。通常在页面中添加动画都需要开发大量的 JavaScript 代码，而 jQuery 大大简化了这个过程。jQuery 的库提供了大量可自定义参数的动画效果。

(6) 与服务器异步互动。jQuery 提供了一整套 AJAX 相关的操作，大大方便了异步互动的开发和使用。

（7）简化常用的 JavaScript 操作，jQuery 还提供了很多附加的功能来简化常用的 JavaScript 操作，例如，数组的操作、迭代运算等。

8.1.3　jQuery 的特点

jQuery 是一个简洁快速的 JavaScript 脚本库，它能让开发人员在网页上简单地操作文档，处理事件，运行动画效果或者添加异步交互，jQuery 的设计会改变开发人员写 JavaScript 代码的方式，提高编程效率。jQuery 主要特点如下。

1．代码精致小巧

jQuery 是一个轻量级的脚本库，其代码非常小巧，最新版本的 jQuery 库文件压缩之后只有 20KB 左右，在网络万千的今天，增强网站用户的体验显得特别重要，小巧的 jQuery 完全可以做到这一点。

2．强大的功能函数

过去在写 JavaScript 代码时，如果没有良好的基础，很难写出复杂的 JavaScript 代码，而且 JavaScript 是不可编译的语言，开发效率较低，使用 jQuery 的功能函数，能够帮助开发人员快速地实现各种功能，而且会让代码好看简洁，结构清晰。

3．跨浏览器

JavaScript 代码的浏览器兼容问题一直是 Web 开发人员的恶梦，经常是一个页面在 IE 浏览器下运行正常，但在 Firefox 浏览器下却出现问题，开发人员往往要在一个功能上针对不同的浏览器编写不同的脚本代码，这对于开发人员是一件非常痛苦的事情，jQuery 将开发人员从这个恶梦中解脱出来，它具有良好的兼容性，兼容各大主流浏览器。

4．链式的语法风格

jQuery 可以对元素的一组操作进行统一的处理，不需要重新获取对象，也就是说可以基于一个对象进行一组操作，这种方式减少了代码量，减小了页面体积，有助于浏览器快速加载页面，增强用户的体验。

5．插件丰富

除了 jQuery 本身具有的一些特效外，还可以通过插件实现更多的功能，如表单验证、播放效果，Tab 导航条，表格排序，图像特效等，网上的 jQuery 插件很多，可以直接下载下来使用，而且插件将 JavaScript 代码和 HTML 代码完全分享，便于维护。

8.1.4　下载并使用 jQuery

jQuery 能够改变开发人员编写 JavaScript 脚本的方式，降低学习和使用 Web 前端开发的复杂度,提高网页开发效率,无论对于 JavaScript 初学者,还是 Web 开发资深专家,jQuery 都应该是必备的工具。jQuery 适合于设计师、开发者以及 Web 编程爱好者,同样适合商业开发。可以说 jQuery 适合任何应用 JavaScript 的地方,也可用于不同的 Web 应用程序中。

在使用 jQuery 之前,需要下载 jQuery 技术框架文件,并引入页面中。

登录网址 http://www.jq22.com/jquery-info122,该网站提供了最新的 jQuery 框架下载,如图 8-3 所示,通常只需下载最小的 jQuery 包(Minified)即可。

下载完成后不需要任何安装过程,直接将下载的.js 文件用<script>标签导入自己的页面中即可,代码如下:

图 8-3　下载 jQuery

```
<script language="JavaScript" src="jQuery.min.js"></script>
```

引入 jQuery 框架文件之后便可在页面脚本中调用 jQuery 对象、方法或属性,并以 jQuery 特色语法规范来编写脚本。

8.2　jQuery 的"$"

在 jQuery 中,最频繁使用的莫过于美元符号"$",它提供了各种各样的功能,包括选择页面中的一个或一类元素,作为功能函数的前缀,window.onload 的完善,创建页面的 DOM 节点等。本节主要介绍 jQuery 中"$"的使用方法,作为以后章节的基础。

8.2.1　选择器

在 CSS 中选择器的作用是选择页面中某一类(类别选择器)元素或者某个元素(ID 选择器),而 jQuery 中的"$"作为选择器,同样是选择某一类或某个元素,只不过 jQuery 提供了更多更全面的选择方式,并且为用户处理了浏览器的兼容问题。

例如,在 CSS 中可以通过如下代码来选择<h2>标签下包含的所有子标签<a>,然后添加相应的样式风格。

```
h2 a{
    /* 添加 CSS 属性 */
}
```

而在 jQuery 中则可以通过如下代码来选中<h2>标签下包含的所有子标签<a>,作为一个对象数组,供 JavaScript 调用。

```
$("h2 a")
```

如例 8-4 所示,文档中有两个<h2>标签,分别包含了<a>子元素。

例 8-4 使用"$"选择器。

```
<html>
<head>
<title>例 8-4 $选择器</title>
<script language="javascript" src="jquery.min.js"></script>
<script language="javascript">
window.onload=function(){
    var oElements=$("h2 a");        //选择匹配元素
    for(var i=0;i<oElements.length;i++)
        oElements[i].innerHTML=i.toString();
}
</script>
</head>
<body>
<h2><a href="#">正文</a>内容</h2>
<h2>正文<a href="#">内容</a></h2>
</body>
</html>
```

运行结果如图 8-4 所示，可以看到 jQuery 很轻松地实现了元素的选择，如果使用 DOM，类似这样的节点选择将需要大量的 JavaScript 代码。

图 8-4 使用"$"选择器

jQuery 中选择器的通用语法如下：

$(selector)

或

jQuery(selector)

特别提示：在 jQuery 中美元符号 $ 其实就等同于"jQuery"。

其中，selector 符合 CSS3 标准，这在后面的章节会详细地介绍，下面列出一些典型的 jQuery 选择元素的例子。

$("#showDiv")

ID 选择器，相当于 JavaScript 中的 document.getElementById("#showDiv")，可以看到 jQuery 的表示方法简洁得多。

$(".SomeClass")

类别选择器，选择 CSS 类别为"SomeClass"的所有节点元素，在 JavaScript 中要实现相同的选择，需要用 for 循环遍历整个 DOM。

$("p:odd")

选择所有位于奇数行的<p>标签。几乎所有的标签都可以使用":odd"或者":even"来实现奇偶的选择。

$("td:nth-child(1)")

所有表格行的第一个单元格,就是第一列。这在修改表格的某一列的属性时是非常有用的,不再需要一行行遍历表格。

$("li>a")

子选择器,返回<li>标签的所有子元素<a>,不包括孙标签。

$("a[href$=pdf]")

选择所有超链接,并且这些超链接的 href 属性是以"pdf"结尾的。有了属性选择器,可以很好地选择页面中的各种特性元素。

关于 jQuery 的选择器的使用还有很多技巧,在后面的章节将会陆续介绍。

8.2.2 功能函数前缀

开发人员在使用 JavaScript 时通常会编写一些小函数处理细节。例如,JavaScript 中没有提供清理文本框中空格的功能,要想实现该功能,就必须编写相应的小程序。但是在引入 jQuery 后,开发人员就可以直接调用 trim()函数来轻松地去掉文本框前后的空格。

例 8-5 jQuery 中去除首尾空格的 $.trim()方法。

```
<html>
<head>
<title>$.trim()</title>
<script language="javascript" src="jquery.min.js"></script>
<script language="javascript">
var sString=" abcdefghij ";
sString=$.trim(sString);
alert(sString.length);
</script>
</head>
<body>
</body>
</html>
```

以上代码的运行结果如图 8-5 所示,字符串 sString 首尾的空格都被 jQuery 去掉了。在例 8-5 程序中,$.trim(sString)就相当于 jQuery.trim(sString)。

图 8-5 jQuery 中去除首尾空格的 $.trim()方法

jQuery 中类似这样的功能函数很多,而且涉及 JavaScript 的很多方面,在后续的章节中将会陆续介绍。

8.2.3 解决 window.onload 函数的冲突

众所周知,页面的 HTML 框架只有在页面全部加载后才能被调用,所以 window.onload 函数的使用频率相当高,由此带来的冲突不容忽视。jQuery 中的 ready()函数很地的解决了这种冲突,它自动将函数在页面加载结束后再运行,同一个页面可以使用多个 ready()函数,并且之间不存在冲突。例如:

```
$(document).ready(function(){
    $("table.datalist tr:nth-child(odd)").addClass("altrow");
});
```

对上述代码 jQuery 还提供了简写,可以省略其中的(document).ready 部分,代码如下:

```
$(function(){
    $("table.datalist tr:nth-child(odd)").addClass("altrow");
});
```

即例 8-3 中使表格变色的代码。

8.2.4 创建 DOM 元素

利用 DOM 方法创建元素节点,通常需要将 document.createElement()、document.createTextNode()、appendChild()配合使用,十分麻烦,而 jQuery 使用"$"则可以直接创建 DOM 元素,例如:

```
var oNewP=$("<p>这是一个测试行</p>");
```

以上代码等同于 JavaScript 中的如下代码:

```
var oP=document.createElement("p");
    var oText=document.createTextNode("这是一个测试行");
    oP.appendChild(oText);
```

另外,jQuery 还提供了 DOM 元素的 insertAfter()方法,结合之前章节提到的插入段落节点的程序代码可变更为例 8-6。

例 8-6 jQuery 中创建 DOM 元素。

```
<html>
<head>
<title>8-6 创建 DOM 元素</title>
<script language="javascript" src="jquery.min.js"></script>
<script language="javascript">
$(function(){                                          //ready()函数
    var oNewP=$("<p>这是一个测试行</p>");              //创建 DOM 元素
    oNewP.insertAfter("#myTarget");                    //insertAfter()方法
});
</script>
</head>
<body>
    <p id="myTarget">插入这行文字之后</p>
    <p>也就是插入这行文字之前,但这行没有 id,也可能不存在</p>
</body>
</html>
```

扫一扫

运行结果如图 8-6 所示,可以看到利用 jQuery 大大缩短了代码长度,节省了编写时间,为开发者提供了便利。

图 8-6　创建 DOM 元素

8.2.5　自定义添加"＄"

　　jQuery 还给用户提供了自定义添加"＄"的方法，"＄.fn"是自定义扩展 jQuery 的必要方法，对于＄.fn 的扩展，就是为 jQuery 类添加"成员函数"。jQuery 类的实例可以使用这个"成员函数"。比如，要开发一个插件，做一个特殊的编辑框，当它被单击时，便弹出当前编辑框里的内容。可以这么做，部分代码如下：

```
$.fn.extend({
    alertWhileClick:function(){
        $(this).click(function(){
            Alert($(this).val());
        });
    }
});
$("#input1").alertWhileClick();        /*页面上为：<input id="input" type="text"/> */
```

　　上面的＄("#input1")是一个 jQuery 实例，当它调用成员方法.alertWhileClick 后，便实现了扩展，每次被单击时它会先弹出目前编辑框里的内容。

8.2.6　解决"＄"的冲突

　　一般来说，开发人员倾向于使用简单的＄()编写代码以减少工作量。但是在有些情况下不能使用＄()，因为＄有时可能已经被其他的 JavaScript 库定义使用了，这时就会出现冲突。为此，jQuery 提供了 jQuery.noConflict()方法来避免＄()冲突的发生。同时，还可以为 jQuery 定义一个别名，例如，＄("div p")必须写成 jQuery("div p")。

8.3　jQuery 对象与 DOM 对象

1. 两种对象简介

　　(1) DOM 对象

　　通过传统的 JavaScript 方法访问 DOM 的元素，可以生成 DOM 对象。例如，使用 JavaScript 方法 getElementByTagName()，在文档中选择标签名为 h3 的匹配元素，最终将生成的 DOM 对象存储在 test 变量中。代码如下：

```
var test=document.getElementByTagName("h3");
```

生成的 DOM 对象拥有许多方法和属性,可以用来操作它所指向的元素。例如,使用 DOM 对象的 innerHTML 属性,获取匹配元素内部的 HTML 代码内容。代码如下:

```
var testtestHTML=test.innerHTML;
```

(2) jQuery 对象

在 jQuery 中也有办法访问 DOM 的元素。这里先举个例子跟 JavaScript 进行比较,具体的语法结构可以参见第 9 章。代码如下:

```
var test=$("h3");
```

虽然也指向标签名为 h3 的匹配元素,但是以这种方式生成的 jQuery 对象无法使用 DOM 对象的任何方法和属性,例如,$("h3").innerHTML 的写法是错误的。不过 jQuery 对象有它自己独有的方法和属性,完全可以做到传统 DOM 对象能做到的所有事情。例如,可以在 jQuery 对象上使用 html() 方法,获取匹配元素内部的 HTML 代码内容。代码如下:

```
var testtestHTML=test.html();
```

由上面的两行代码还可以初步看出,使用 jQuery 需要分为两个步骤:第一步是获取指向某元素的 jQuery 对象;第二步是使用 jQuery 对象的方法来操作该元素,以达到更改 HTML 网页内容和外观的目的。

由上面的分析能够得出如下的结论:所谓 jQuery 对象就是通过 jQuery 包装 DOM 对象后产生的对象。jQuery 对象是 jQuery 独有的,其可以使用 jQuery 里的方法。

2. jQuery 对象与 DOM 对象的相互转换

虽然 jQuery 对象和 DOM 对象并不等价,但是它们两者可以相互转换,转换后即可使用彼此的方法和属性。

(1) jQuery 对象转换成 DOM 对象

将 jQuery 对象转换成 DOM 对象,可以使用 get() 方法,其语法结构为 get([index])。例如,假设页面上有一个无序列表:

```
<ul>
    <li><a href="http://www.baidu.com">Baidu</a></li>
    <li><a href="http://www.google.com">Google</a></li>
</ul>
```

jQuery 对象是一个可以匹配多个元素的集合。如果不带参数,get() 方法会返回所有匹配元素的 DOM 对象,并将它们包含在一个数组中。代码如下:

```
var test=$("li").get();              //jQuery 对象转换成 DOM 对象
alert(test[0].innerHTML);            //输出<a href="http://www.baidu.com">Baidu</a>
alert(test[1].innerHTML);            //输出<a href="http://www.google.com">Google</a>
```

如果指定了参数 index,由于从 0 开始计数,get(index) 方法会返回第(index + 1)个元素的 DOM 对象。代码如下：

```
var test=$("li").get(0);          //jQuery 对象转换成 DOM 对象
alert(test.innerHTML);            //输出<a href="http://www.baidu.com">Baidu</a>
```

由于 jQuery 对象具有与数组类似的特征，还可以通过[index]索引方式得到某一个元素的 DOM 对象。上面例子的等效代码如下：

```
var test=$("li")[0];              //jQuery 对象转换成 DOM 对象
alert(test.innerHTML);            //输出<a href="http://www.baidu.com">Baidu</a>
```

然而这种索引方式缺乏 get()方法所具有的特殊功能，例如，可以指定参数 index 为负数，在匹配元素的集合中从末尾最后一个开始计数，返回倒数第|index|个元素的 DOM 对象。代码如下：

```
var test=$("li").get(-1);         //jQuery 对象转换成 DOM 对象
alert(test.innerHTML);            //输出<a href="http://www.google.com">Google</a>
```

(2) DOM 对象转换成 jQuery 对象

对于一个 DOM 对象 elements，只需用 $()把它包装起来，就可以获得相应的 jQuery 对象了，其语法结构为 $(elements)。例如，使用 getElementByTagName()方法选择标签名为<li>的元素，再通过 $()把生成的 DOM 对象转换为 jQuery 对象。代码如下：

```
var $test=$(document.getElementByTagName("li"));   /* DOM 对象转换成 jQuery 对象 */
alert($test.eq(0).html());        //输出<a href="http://www.baidu.com">Baidu</a>
alert($test.eq(1).html());        //输出<a href="http://www.google.com">Google</a>
```

为了从匹配多个元素的 jQuery 对象中提取出只匹配其中一个元素的 jQuery 对象，可以使用 eq()方法，该命令会在以后的学习中讲解，这里仅作了解即可。

8.4 案例——我的第一个 jQuery 程序

开发 jQuery 程序其实很简单，需要做的就是引入 jQuery 库，然后调用即可。下面通过一个简单的案例引导大家如何使用 jQuery。

1. 下载 jQuery 库文件

由于 jQuery 是一个免费开源项目，任何人都可以在 jQuery 的官方网站 http://jquery.com（图 8-7）下载到最新版本的 jQuery 库文件。

jQuery 库文件有两种类型：完整版和压缩版。前者主要用于测试开发，或者项目应用。例如，jQuery-3.2.1.js(129KB) 和 jQuery-3.2.1.min.js(85KB) 两个文件，它们分别对应完整版和压缩版。

下载完 jQuery 库之后，将其放置在具体的项

图 8-7　jQuery 的官方网站

目目录下即可，在 HTML 页面引入该 jQuery 库文件的代码如下：

```
<script language="javascript" src="jquery.min.js"></script>
<script>
```

可以看出，在 HTML 页面引入 jQuery 库文件和引入外部的 JavaScript 程序文件在形式上没有任何区别。同时，在 HTML 页面直接插入 jQuery 代码或引入外部 jQuery 程序文件，需要符合的格式也跟 JavaScript 一样。

值得一提的是，外部 jQuery 程序文件是不同页面共享相同 jQuery 代码的一种高效方式。这样当修改 jQuery 代码时，只需编辑一个外部文件，操作更为方便。此外，一旦载入某个外部 jQuery 文件，它就会存储在浏览器的缓存中，因此不同页面重复使用它时无须再次下载，从而加快了页面的访问速度。

2. 在程序中引入 jQuery 库文件

下面开始编写第一个 jQuery 程序。

例 8-7 我的第一个 jQuery 程序。

```
<html>
<head>
<title>第一个示例</title>
<script language="javascript" src="jquery.min.js"></script>
<script>
function hello()
{ alert("Hello, World");};
$(document).ready(hello);
</script>
</head>
<body>
</body>
</html>
```

运行结果如图 8-8 所示。

图 8-8　我的第一个 jQuery 程序

综合案例，请扫一扫

课后练习

1. 简答 jQuery 的美元符号 $ 有什么作用。
2. 简答 jQuery 中有哪几种类型的选择器。

第9章

jQuery选择器

学习目标

使用 jQuery 选择器准确地选取实现希望的应用效果的元素。

掌握 jQuery 元素选择器和属性选择器通过标签名、属性名或内容对 HTML 元素进行选择的方法。

掌握 jQuery 选择器对 HTML 元素组或单个元素进行操作的方法。

掌握 jQuery 选择器对 DOM 元素组或单个 DOM 节点进行操作的方法。

9.1 jQuery 选择器简介

jQuery 是一种 JavaScript 框架,是程序开发过程中的一种半成品。在 Web 应用程序中,大部分的客户端操作都是基于对象的操作,要操作对象必须先获取对象,jQuery 提供了强大的选择器用于获取对象。

选择器是 jQuery 的根基,在 jQuery 中,对事件处理、遍历 DOM 和 AJAX 操作都依赖于选择器。因此,如果能熟练地使用选择器,不仅能简化代码,而且可以达到事半功倍的效果。

jQuery 选择器完全继承了 CSS 的风格。利用 jQuery 选择器,可以非常便捷地找出特定的 DOM 元素,然后为它们添加相应的行为,而无须担心浏览器是否支持这一选择器。

9.2 jQuery 选择器的分类

使用 jQuery 选择器选择页面元素,目的是生成 jQuery 对象,其语法结构是 $(selector)。凡是运用 $,其返回值是一个 object。$ 的选择器部分返回值是单个元素或者集合元素,用选择器获取对象,或者对获取的对象进行筛选,最终留下符合某些特征的对象。

jQuery 选择器可简单分为基本选择器、层次选择器、过滤选择器、表单选择器。下面通过表格进行一一介绍。

(1) 基本选择器,见表 9-1。
(2) 层次选择器,见表 9-2。

表 9-1 基本选择器

选择器	描述	返回	示例
#id	匹配给定的 id	单个元素	$("header")
.class	匹配给定的类名	集合元素	$(".test")
E	匹配给定的标签名	集合元素	$("div")
*	匹配所有元素	集合元素	$("*")
E，.class，E…	匹配给定的集合	集合元素	$("span，.tiPS")

表 9-2 层次选择器

选择器	描述	返回	示例
$("ancestor descendant")	匹配 ancestor 里的所有 descendant（后代）元素	集合元素	$("body div")
$("parent＞child")	匹配 parent 下的所有 child(子)元素	集合元素	$("div＞span")
$("prev＋next")	匹配紧接在 prev 后的 next 元素	集合元素	$(".error＋span")
$("prev～siblings")	匹配 prev 后的所有 siblings 元素	集合元素	$("span～a")

(3) 过滤选择器，具体步骤如下。

① 基本过滤选择器，见表 9-3。

表 9-3 基本过滤选择器

选择器	描述	返回	示例
:first	匹配第一个元素	单个元素	$("div:first")
:last	匹配最后一个元素	单个元素	$("span:last")
:even	匹配索引是偶数的元素，索引从 0 开始	集合元素	$("li:even")
:odd	匹配索引是奇数的元素，索引从 0 开始	集合元素	$("li:odd")
:eq(index)	匹配索引等于 index 的元素，索引从 0 开始	单个元素	$("input:eq(2)")
:gt(index)	匹配索引大于 index 的元素，索引从 0 开始	集合元素	$("input:gt(1)")
:lt(index)	匹配索引小于 index 的元素，索引从 0 开始	集合元素	$("input:lt(5)")
:header	匹配所有 h1,h2,…等标题元素	集合元素	$(":header")
:animated	匹配所有正在执行动画的元素	集合元素	$("div:animated")

② 内容过滤选择器，见表 9-4。

表 9-4 内容过滤选择器

选择器	描述	返回	示例
:contains(text)	匹配含有文本内容 text 的元素	集合元素	$("p:contains(今天)")
:empty	匹配不含子元素或文本元素的空元素	集合元素	$("p:empty")
:has(selector)	匹配包含 selector 元素的元素	集合元素	$("div:has(span)")
:parent	匹配含有子元素或文本的元素	集合元素	$("div:parent")

③ 可见性过滤选择器,见表 9-5。

表 9-5 可见性过滤选择器

选择器	描 述	返 回	示 例
:hidden	匹配所有不可见的元素	集合元素	$(":hidden")
:visible	匹配所有可见元素	集合元素	$(":visible")

④ 属性过滤选择器,见表 9-6。

表 9-6 属性过滤选择器

选择器	描 述	返 回	示 例
[attr]	匹配拥有此属性的元素	集合元素	$("img[alt]")
[attr=value]	匹配属性值为 value 的元素	集合元素	$("a[title=test]")
[attr!=value]	匹配属性值不等于 value 的元素	集合元素	$("a[title!=test]")
[attr^=value]	匹配属性值以 value 开头的元素	集合元素	$("img[alt^=welcome]")
[attr$=value]	匹配属性值以 value 结尾的元素	集合元素	$("img[alt$=last]")
[attr*=value]	匹配属性值中含有 value 的元素	集合元素	$("div[title*=test]")
[attr1][attr2]…	通过多个属性进行匹配	集合元素	$("div[id][title*=test]")

(4) 表单选择器,见表 9-7。

表 9-7 表单选择器

选择器	描 述	返 回	示 例
:input	匹配所有 input、textarea、select、button 元素	集合元素	$("input")
:text	匹配所有文本框	集合元素	$(":text")
:password	匹配所有密码框	集合元素	$(":password")
:radio	匹配所有单选框	集合元素	$(":radio")
:checkbox	匹配所有复选框	集合元素	$(":checkbox")
:submit	匹配所有"提交"按钮	集合元素	$(":submit")
:image	匹配所有图像按钮	集合元素	$(":image")
:reset	匹配所有"重置"按钮	集合元素	$(":reset")
:button	匹配所有按钮	集合元素	$(":button")
:file	匹配所有上传域	集合元素	$(":file")

9.3 jQuery 中元素属性的操作

对于下面这样一个标签元素:

<img id="imgLogo" src="../img/imgTsinghuaLogo.jpg" alt="Tsinghua" class="myClass" title="Tsinghua" width="150" height="150" />

通常将 id、src、alt、class 称为属性,也即元素属性。但是,当浏览器对标签元素进行解析时,会将元素解析为 DOM 对象,相应地,元素属性也就解析为 DOM 属性。元素属性和 DOM 属性只是在对其进行不同解析时的不同称呼。

注意:
(1) 元素被解析成 DOM 时,元素属性和 DOM 属性并不一定是原来的名称。

例如,img 的 class 属性,在表现为元素属性时是 class;在表现为 DOM 属性时,属性名为 className。

(2) 在 JavaScript 中,可以直接获取或设置 DOM 属性。

9.3.1 设置元素属性

在 jQuery 中,提供了 attr()函数来操作元素属性。用 $(selector).attr(attribute)返回被选元素的属性值。$(selector).attr(attribute,value) 设置被选元素的属性值。

例 9-1 设置图像的 width 属性。

```html
<html>
<head>
<script type="text/javascript" src="../jquery/jquery.js"></script>
<script type="text/javascript">
$(document).ready(function(){
    $("button").click(function(){
        $("img").attr("width","160");
    });
});
</script>
</head>
<body>
<img src="../img/logo.jpg" />
<br />
<button>设置图像的 width 属性</button>
</body>
</html>
```

运行结果如图 9-1 所示,单击按钮,图像的 width 属性像素 268px 变成了 160px。

(a) 设置前　　　　　　(b) 设置后

图 9-1　设置图像的 width 属性

9.3.2 删除元素属性

在某些情况下,需要删除文档中某个元素的特定属性,可以使用 removeAttr()方法来实现。

例 9-2　删除元素属性。

```
<html>
<head>
<script type="text/javascript" src="../jquery/jquery.js"></script>
<script type="text/javascript">
$(document).ready(function(){
    $("button").click(function(){
        $("p").removeAttr("style");
    });
});
</script>
</head>

<body>
<p style="font-size:150%;color:red">这是第一段落 P</p>
<p style="font-size:100%;color:blue">这是第二段落 P</p>
<button>删除所有 p 元素的 style 属性</button>
</body>
</html>
```

运行结果如图 9-2 所示。

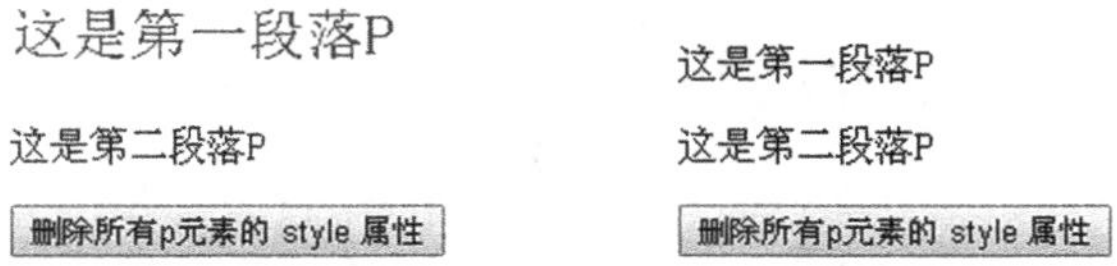

(a) 删除前　　　　　(b) 删除后

图 9-2　删除元素属性

可以使用 removeAttr()删除元素属性,但其对应的 DOM 属性是不会被删除掉的,只是被改变其值而已。上例中删除元素段落 p 的属性,会导致 p 属性值从设定值变成了浏览器的默认值,但段落 p 属性本身不会从元素中删除。

9.4　jQuery 中样式类的操作

通过 jQuery,可以很容易地对 CSS 元素进行操作。

9.4.1　添加样式类

addClass()方法向匹配的元素添加指定的类名。addClass() 方法向被选元素添加一个或多个类。该方法不会移除已存在的 class 属性,仅仅添加一个或多个 class 属性。如需添加多个类,请使用空格分隔类名。

语法格式如下:

$(selector).addClass(class)

class 必需,规定一个或多个 class 名称。

例 9-3 让某段落增加设定的样式类。

```
<html>
<head>
<script type="text/javascript" src="../jquery/jquery.js"></script>
<script type="text/javascript">
$(document).ready(function(){
    $("button").click(function(){
        $("p:first").addClass("important");
    });
});
</script>
<style type="text/css">
.important
{
    font-size:150%;
    font-weight:bold;
    color:red;
}
</style>
</head>
<body>
<h1>标题 1</h1>
<p>段落 1</p>
<p>段落 2</p>
<button>向第一个段落添加一个样式类</button>
</body>
</html>
```

对一个段落加入样式类 important 把字体 150% 加粗和变成红色。段落 1 就改变了,运行结果如图 9-3 所示。

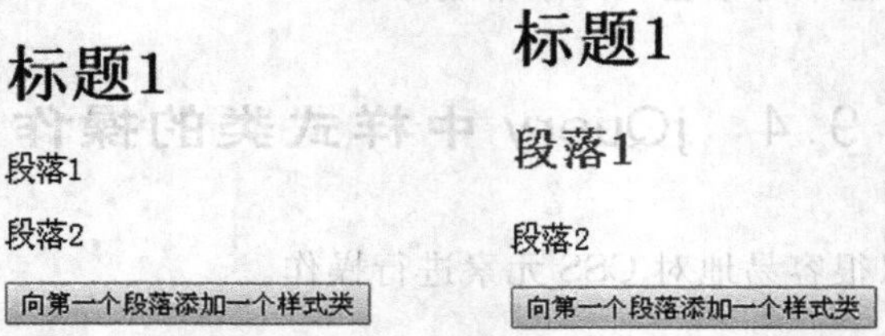

(a) 添加前　　　　　　(b) 添加后

图 9-3　向第一个段落添加一个样式类

9.4.2 移除样式类

removeClass()方法从被选元素移除一个或多个类。如果没有规定参数,则该方法将从被选元素中删除所有类。

语法格式如下:

$(selector).removeClass(class)

class 可选,规定要移除的 class 的名称。如需移除若干类,请使用空格来分隔类名。如果不设置该参数,则会移除所有类。

例 9-4 让标题和段落移除设定的样式类。

```
<html>
<head>
<script type="text/javascript" src="../jquery/jquery.js"></script>
<script type="text/javascript">
$(document).ready(function(){
    $("button").click(function(){
        $("h1,p").removeClass("blue");
    });
});
</script>
<style type="text/css">
.important
{
    font-size:150%;
    font-weight:bold;
    color:red;
}
.blue
{
    font-size:200%;
    color:blue;
}
</style>
</head>
<body>
<h1 class="blue">标题 1</h1>
<p class="important">段落 1</p>
<p class="blue">段落 2</p>
<button>删除所有元素的 blue 样式类</button>
</body>
</html>
```

对含有样式类 blue 的元素进行删除操作,标题 1 和段落 2 的样式就删除了。运行结果如图 9-4 所示。

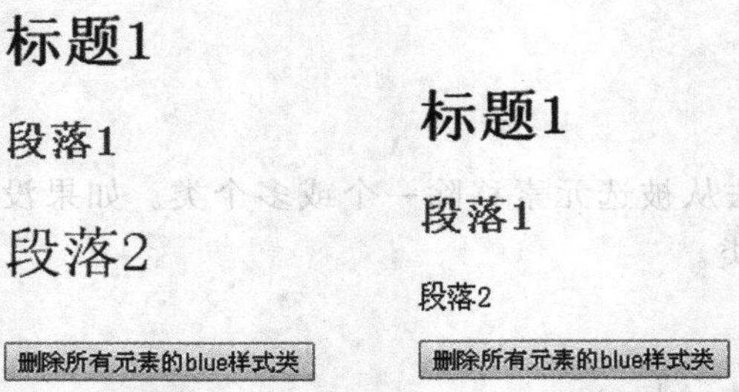

图 9-4 删除所有元素的 blue 样式类

9.4.3 交替样式类

toggleClass() 对设置或移除被选元素的一个或多个类进行切换。该方法检查每个元素中指定的类。如果不存在则添加类，如果已设置则将其删除。这就是所谓的切换效果。不过，通过使用 switch 参数，能够规定只删除或只添加类。

语法格式如下：

$(selector).toggleClass(class,switch)

class 必需，规定添加或移除 class 的指定元素。如需规定若干 class，请使用空格来分隔类名。switch 可选，布尔值默认为 true，规定是否添加或移除 class。

例 9-5 让第二个段落交替显示设定的样式类。

扫一扫

```
<html>
<head>
<script type="text/javascript" src="../jquery/jquery.js"></script>
<script type="text/javascript">
$(document).ready(function(){
  $("button").click(function(){
    $("p:last").toggleClass("important");
  });
});
</script>
<style type="text/css">
.important
{
    font-size:150%;
    font-weight:bold;
    color:red;
}
</style>
</head>
<body>
<h1>标题 1</h1>
<p>段落 1</p>
```

```
<p>段落 2</p>
<button>第二个段落切换样式类</button>
</body>
</html>
```

代码运行结果如图 9-5 所示，可以发现段落 2 的样式元素会加载切换 important 样式类。

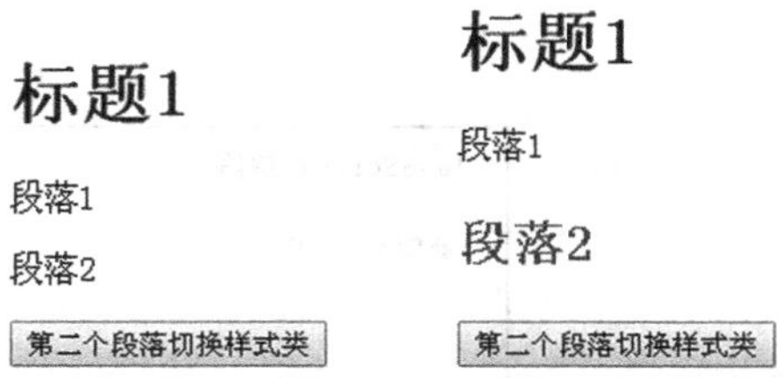

(a) 切换前　　(b) 切换后

图 9-5　第二个段落切换样式类

9.5　jQuery 中样式属性的操作

通过使用 CSS 可以大大提升网页开发的工作效率，jQuery 的 CSS 属性操作大大方便了开发人员对网页的表现。

9.5.1　读取样式属性

读取返回的 CSS 属性值。语法格式如下：

```
$(selector).css(name)
```

name 必需，规定 CSS 属性的名称。该参数可包含任何 CSS 属性，比如 color。

返回第一个匹配元素的 CSS 属性值。当用于返回一个值时，不支持简写的 CSS 属性，比如 background 和 border。

例 9-6　取得第一个段落的 color 样式属性的值。

扫一扫

```
<html>
<head>
<script type="text/javascript" src="../jquery/jquery.js"></script>
<script type="text/javascript">
$(document).ready(function(){
  $("button").click(function(){
    alert($("p").css("color"));
  });
});
</script>
</head>

<body>
```

```
<h1>标题 1</h1>
<p style="color:red">段落 1</p>
<p style="color:blue">段落 2</p>
<button>读取段落的颜色</button>
</body>
</html>
```

运行结果如图 9-6 所示。这里只返回了第一个匹配的段落颜色：红色 rgb(255,0,0)。

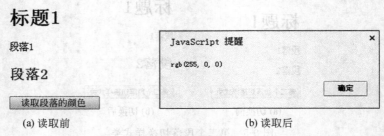

(a) 读取前   (b) 读取后

图 9-6 读取段落的颜色

9.5.2 设置样式属性

设置所有匹配元素的指定 CSS 属性。语法格式如下：

$(selector).css(name,value)

name 必需，规定 CSS 属性的名称。该参数可包含任何 CSS 属性，比如 color。

value 可选，规定 CSS 属性的值。该参数可包含任何 CSS 属性值，比如 red。如果设置了空字符串值，则从元素中删除指定属性。

例 9-7 将第二个段落的 color、font-size、font-weight 进行不同样式属性值设置。

```
<html>
<head>
<script type="text/javascript" src="../jquery/jquery.js"></script>
<script type="text/javascript">
$(document).ready(function(){
  $("button").click(function(){
    $("p:first").css("color","red");
    $("p:first").css("font-size","150%");
    $("p:last").css({"color":"blue","font-weight":"bold"});
  });
});
</script>
</head>

<body>
<p>段落 1</p>
<p>段落 2</p>
<button>改变段落的颜色字体大小</button>
</body>
```

</html>

运行结果如图9-7所示。

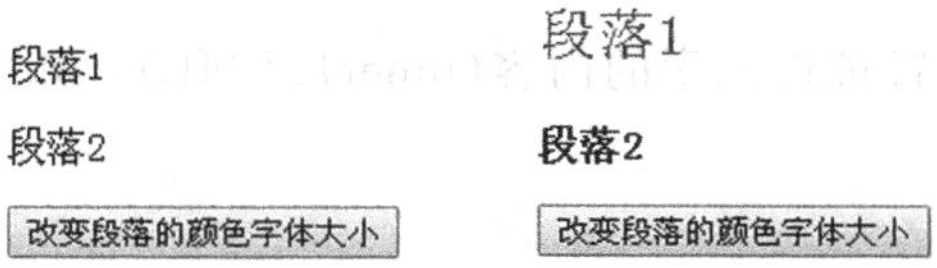

段落1　　　　　　　　段落1

段落2　　　　　　　　段落2

改变段落的颜色字体大小　　改变段落的颜色字体大小

(a) 改变前　　　　　(b) 改变后

图9-7　改变段落的颜色字体大小

9.5.3　设置元素偏移

offset()方法。它的作用是获取元素在当前视窗的相对偏移,其中返回对象包含两个属性,即top和left。只对可见元素有效。

设置偏移坐标是offset的重载函数。设置所有匹配元素的偏移坐标,语法格式如下:

$(selector).offset(value)

value必需,规定以像素计的top和left坐标。可能的值对如{top:100,left:0}、带有top和left属性的对象。

例9-8　对两个段落进行偏移操作,段落1偏移(top:100,left:100),段落2偏移(top:120,left:160)。运行结果如图9-8所示。

段落1

段落2　　　　　　设置新的偏移

设置新的偏移　　　　段落1

　　　　　　　　　　段落2

(a) 偏移前　　　　(b) 偏移后

图9-8　对两个段落进行偏移操作　　　　扫一扫

9.6　jQuery中元素内容的操作

jQuery拥有可操作HTML元素和属性的强大方法。jQuery提供一系列与DOM相关的方法,这使访问和操作元素和属性变得很容易。jQuery还提供了以下几个方法来访问或设置DOM元素的内容,包含访问或设置这些DOM元素的innerHTML属性、文本内容和value属性。

3个简单实用的用于DOM操作的jQuery方法如下。

(1) text():设置或返回所选元素的文本内容。

(2) html():设置或返回所选元素的内容(包括HTML标签)。

(3) val():设置或返回表单字段的值。

9.6.1 操作 HTML 代码

html()方法返回或设置被选元素的内容(innerHTML)。如果该方法未设置参数,则返回被选元素的当前内容。

语法格式如下：

$(selector).html(content)

操作 html 代码,操作的内容要包括 HTML 的标签。如写斜体 Hello World 就是<i>Hello World! </i>

例 9-9 对两个段落的内容进行设置。

```
<html>
<head>
<script type="text/javascript" src="../jquery/jquery.js"></script>
<script type="text/javascript">
$(document).ready(function(){
    $("button").click(function(){
        $("p:first").html("<i>Hello World!</i>");
        $("p:last").html("<b>您好,世界!</b>");
    });
});
</script>
</head>
<body>
<p>段落 1</p>
<p>段落 2</p>
<button>改变段落的 HTML 内容</button>
</body>
</html>
```

运行结果如图 9-9 所示。

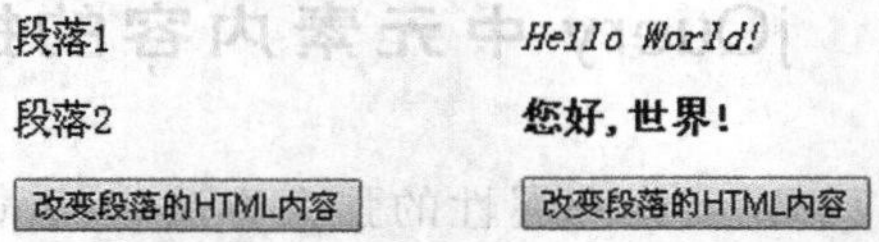

段落1　　　　　　　Hello World!
段落2　　　　　　　您好,世界!
[改变段落的HTML内容]　[改变段落的HTML内容]
　(a) 改变前　　　　　(b) 改变后

图 9-9 改变段落的 HTML 内容

9.6.2 操作文本

text()方法设置或返回被选元素的文本内容。当该方法用于返回一个值时,它会返回所有匹配元素的组合的文本内容(会删除 HTML 标签),当该方法用于设置值时,它会覆盖被选元素的所有内容。

语法格式如下：

$(selector).text(content)

例 9-10　对两个段落 p 的内容进行设置。

扫一扫

```
<html>
<head>
<script type="text/javascript" src="../jquery/jquery.js"></script>
<script type="text/javascript">
<script type="text/javascript">
$(document).ready(function(){
  $("button").click(function(){
    $("p").text("您好,世界!");
  });
});
</script>
</head>

<body>
<p>段落1</p>
<p>段落2</p>
<button>改变所有p元素的文本内容</button>
</body>
</html>
```

运行结果如图 9-10 所示。

　　　　段落1　　　　　　　您好,世界!
　　　　段落2　　　　　　　您好,世界!

　　[改变所有p元素的文本内容]　　[改变所有p元素的文本内容]
　　　　(a) 改变前　　　　　　(b) 改变后

图 9-10　改变所有 p 元素的文本内容

9.6.3　操作表单元素的值

val()函数用于设置或返回当前 jQuery 对象所匹配的 DOM 元素的 value 值。val() 方法与 HTML 表单元素一起使用。该函数常用于设置或获取表单元素的 value 属性值。例如，<input>、<textarea>、<select>、<option>、<button>等。

语法格式如下：

$(selector).val(content)

例 9-11　对表单的内容进行设置。

```
<head>
<script type="text/javascript" src="../jquery/jquery.js"></script>
<script type="text/javascript">
```

扫一扫

```
$(document).ready(function(){
    $("button").click(function(){
        $("div").text("书籍作者");
        $(book).val("JQuery");
        $(desc).val("清华大学出版社");
        $("input:radio, input:checkbox").each(function () { $(this).attr('checked',false); } );
                                                        //先将 radio、checkbox 都置空
        $("input:radio[value='female']").attr('checked','true');
        $('input:checkbox').slice(1,3).attr('checked', 'true');
        $("select").val(["tsinghua", "peking"]);
    });
});
</script>

<body>
<div></div>
<div></div>
书名：<input id="book" name="book" type="text" /><br><br>
描述：<input id="desc" name="desc" type="text" /><br><br>
性别：<input name="gender" type="radio" checked="checked" value="male" >男
      <input name="gender" type="radio" value="female" >女<br><br>
书籍：<input name="pp" type="checkbox" value="100" checked="checked">100 页
      <input name="pp" type="checkbox" value="200" >200 页
      <input name="pp" type="checkbox" value="300" >300 页<br><br>
<select id="publish" multiple="multiple">
    <option value="tsinghua">清华大学出版社</option>
    <option value="peking">北京大学出版社</option>
    <option value="phei">电子工业出版社</option>
</select><br><br>
<button>改变 Form 元素的内容</button>
</body>
</html>
```

单击按钮后运行结果如图 9-11 所示。

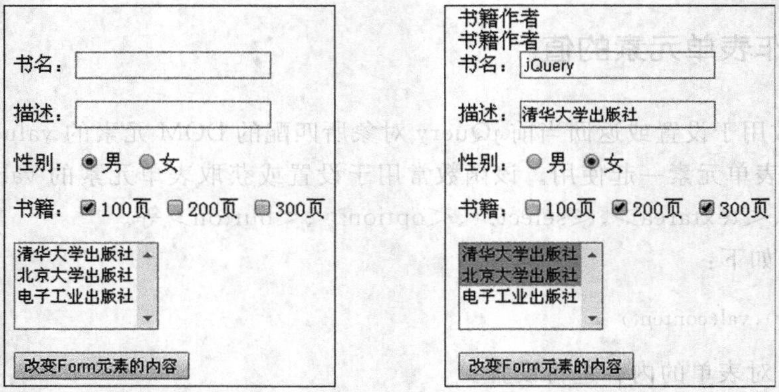

(a) 改变前　　　　　　　　(b) 改变后

图 9-11　改变 Form 元素的内容

9.7 筛选与查找元素集中的元素

jQuery 遍历,用于根据其相对于其他元素的关系来"查找"(或选取)HTML 元素。以某项选择开始,并沿着这个选择移动,直到抵达期望的元素为止。

图 9-12 展示了一棵家族树。通过 jQuery 遍历,能够从被选(当前的)元素开始,轻松地在家族树中向上移动(祖先),向下移动(子孙),水平移动(同胞)。这种移动被称为对 DOM 进行遍历。

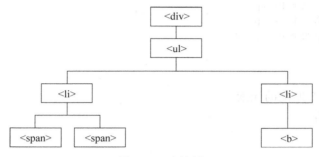

图 9-12 家族树

(1) <div>元素是<ul>的父元素,同时是其中所有内容的祖先。
(2) <ul>元素是<li>的父元素,同时是 <div> 的子元素。
(3) 左边的 <li> 元素是 <span> 的父元素、<ul> 的子元素,同时是 <div> 的后代。
(4) <span> 元素是 <li> 的子元素,同时是 <ul> 和 <div> 的后代。
(5) 两个 <li> 元素是同胞(拥有相同的父元素)。
(6) 右边的 <li> 元素是 <b> 的父元素、<ul> 的子元素,同时是 <div> 的后代。
(7) <b> 元素是右边的 <li> 的子元素,同时是 <ul> 和 <div> 的后代。

提示:祖先是父、祖父、曾祖父等。后代是子、孙、曾孙等。同胞拥有相同的父。

(1) eq( )

筛选指定索引号的元素。

语法格式如下:

eq(index|-index)

索引号从 0 开始,若为负值,则从最后一个开始倒数,最后一个从-1 开始。

```
$("p").eq(1);              //如果选择器改为 $("p").eq(-1),则"我是第四个 P"会被选中
<div>
    <p>我是第一个 P</p>
    <p>我是第二个 P</p>   //会被选中,索引值为 1
    <p>我是第三个 P</p>
    <p>我是第四个 P</p>
</div>
```

(2) first( )

筛选出第一个匹配的元素。

语法格式如下:

first()

此方法没有参数。

```
$("p").first();
<div>
    <p>我是第一个 P</p>            //索引值是 0,是第一个,会被选中
    <p>我是第二个 P</p>
    <p>我是第三个 P</p>
    <p>我是第四个 P</p>
</div>
```

(3) last( )

筛选出最后一个匹配的元素。

语法格式如下:

last()

此方法没有参数。

```
$("p").last();
<div>
    <p>我是第一个 P</p>
    <p>我是第二个 P</p>
    <p>我是第三个 P</p>
    <p>我是第四个 P</p>            //最后一个,会被选中
</div>
```

(4) hasClass( )

检查匹配的元素是否含有指定的类。

语法格式如下:

hasClass(class)

class 为类别名。返回布尔值。

```
if($("p").hasClass("p2")){
    alert("我里面含有 class=p2 的元素");     /*会弹出存在 class="p2"的元素*/
}
<div>
    <p>我是第一个 P</p>
    <p class="p2">我是第二个 P</p>
    <p>我是第三个 P</p>
    <p>我是第四个 P</p>
</div>
```

(5) filter( )

筛选出与指定表达式匹配的元素集合。

语法格式如下：

filter(expr|obj|ele|fn)

expr：匹配表达式。obj：jQuery 对象，用于匹配现有元素。ele：用于匹配 DOM 元素。fn：function 返回值作为匹配条件。

```
$("p").filter(".p2");
<div>
    <p>我是第一个 P</p>
    <p class="p2">我是第二个 P</p>        //会被选中,class="p2"
    <p>我是第三个 P</p>
    <p>我是第四个 P</p>
</div>
```

（6）is( )

检查元素是否参数里能匹配上的。

语法格式如下：

is(expr|obj|ele|fn)

expr：匹配表达式。obj：jQuery 对象，用于匹配现有元素。ele：用于匹配 DOM 元素。fn：function 返回值作为匹配条件。

```
$($("p").first().is(".p2")){
    alert("不会弹出,因为第一个 P 的 class 不等于 p2");
}
<div>
    <p>我是第一个 P</p>
    <p class="p2">我是第二个 P</p>     //会被选中,class="p2"
    <p>我是第三个 P</p>
    <p>我是第四个 P</p>
</div>
```

（7）map( )

把每个元素通过函数传递到当前匹配集合中，生成包含返回值的新的 jQuery 对象。

语法格式如下：

map(callback)

将一组元素转换成其他数组（不论是否是元素数组）。可以用这个函数来建立一个列表，不论是值、属性还是 CSS 样式，或者其他特别形式，都可以用"$.map()"来方便地建立。

```
$.map([0,1,2], function(n){
    return n + 5;                         //将原数组中每个元素加 5 转换为一个新数组
});
//结果：
[5, 6, 7]
```

（8）has()

筛选出包含指定子元素的元素。

语法格式如下：

has(expr|ele)

expr：选择表达式。ele：选择DOM元素。

```
$("div").has("p");
<div>                                         //本div会被选中,因为该div含有p子元素
    <p>我是第一个P</p>
    <p class="p2">我是第二个P</p>
    <p>我是第三个P</p>
    <p>我是第四个P</p>
</div>
<div>
    <span>我是一个span</span>
</div>
```

(9) not( )

排除能够被参数匹配的元素。

语法格式如下：

not(expr|ele|fn)

expr：选择表达式。ele：选择DOM元素。fn：作用还不清楚。

```
$("p").not(".p2");
<div>
    <p>我是第一个P</p>                          //会被选中,没有class=p2
    <p class="p2">我是第二个P</p>  /*不会被选中,因为有class=p2被not(".p2")排除了*/
    <p>我是第三个P</p>                          //会被选中,没有class=p2
    <p>我是第四个P</p>                          //会被选中,没有class=p2
</div>
```

(10) slice( )

从指定索引开始,截取指定个数的元素。

语法格式如下：

slice(start, [end])

start：开始位置。end：可选,结束位置,不包含结束位置的元素。如果不指定,则匹配到最后一个。

```
$("p").slice(1,3);
<div>
    <p>我是第一个P</p>                          //不会被选中,索引为0
    <p class="p2">我是第二个P</p>              //会被选中,索引为1
    <p>我是第三个P</p>                          //会被选中,索引为2
    <p>我是第四个P</p>                          //不会被选中,索引为3,但是不包括这个
</div>
```

(11) children( )

筛选获取指定元素的资源。

语法格式如下：

children(expr)

获取指定元素的资源，expr 为子元素筛选条件。

```
$("div").children(".p2");
    <div>
        <p>我是第一个 P</p>          /*不会被选中,虽然是 div 的子元素,但是没有 class＝p2 */
        <p class="p2">我是第二个 P</p>  /*会被选中,既是 p 的子元素,又有 class＝p2 */
        <p>我是第三个 P</p>          /*不会被选中,虽然是 div 的子元素,但是没有 class＝p2 */
        <p>我是第四个 P</p>          /*不会被选中,虽然是 div 的子元素,但是没有 class＝p2 */
    </div>
```

(12) closest( )

从当前元素开始，返回最先匹配到的符合条件的父元素。

语法格式如下：

closest(expr)

expr 为筛选条件，沿 DOM 树向上遍历，直到找到已应用选择器的一个匹配为止。返回包含零个或一个元素的 jQuery 对象。

```
$("span").closest("p","div");
<div>                                    //不会被选中,被 P 抢了先机
    <p>我是第一个 P         /*p 会被选中,因为 p 符合条件,而且是最先匹配到的,虽然 div 也符合
                            条件了,但是 div 不是最先匹配到的.因此 div 不会被选中 */
        <span>我是 P 里的 span</span>
    </p>
</div>
```

(13) find( )

从指定元素中查找子元素。

语法格式如下：

find(expr|obj|ele)

expr：匹配表达式。obj：匹配 jQuery 对象。ele：匹配 DOM 元素。

```
$("div").find(".p2");
    <div>
        <p>我是第一个 P</p>          /*不会被选中,虽然是 div 的子元素,但是没有 class＝p2 */
        <p class="p2">我是第二个 P</p>  /*会被选中,既是 p 的子元素,又有 class＝p2 */
        <p>我是第三个 P</p>          /*不会被选中,虽然是 div 的子元素,但是没有 class＝p2 */
        <p>我是第四个 P</p>          /*不会被选中,虽然是 div 的子元素,但是没有 class＝p2 */
    </div>
```

(14) next( )

获取指定元素的下一个兄弟元素。

语法格式如下：

next(expr)

expr：可选，筛选条件，如果下一个兄弟元素不符合该条件，则返回空。

```
$(".p2").next();
<div>
    <p>我是第一个 P</p>
    <p class="p2">我是第二个 P</p>
    <p>我是第三个 P</p>                    //是.p2 的 next
    <p class="p4">我是第四个 P</p>
</div>
```

(15) nextAll( )

获取其后的所有兄弟元素。

语法格式如下：

`nextAll(expr)`

expr：可选，筛选条件，获取其后符合 expr 条件的所有兄弟元素。

```
$(".p2").nextAll();
<div>
    <p>我是第一个 P</p>
    <p class="p2">我是第二个 P</p>
    <p>我是第三个 P</p>                    //会被选中，是.p2 后面的兄弟元素
    <p class="p4">我是第四个 P</p>         //会被选中，是.p2 后面的兄弟元素
</div>
```

(16) nextUntil( )

获取其后的元素，直到参数能匹配上为止，不包括结束条件的元素。

语法格式如下：

`nextUntil([expr|ele][,fil])`

expr：筛选表达式。ele：筛选 DOM 元素，注意不包括参数里的。

```
$(".p2").nextUntil(".p4");                 //注意此方法并不会包括.p4
<div>
    <p>我是第一个 P</p>
    <p class="p2">我是第二个 P</p>
    <p>我是第三个 P</p>                    //会被选中，是.p2 后面的兄弟元素
    <p class="p4">我是第四个 P</p>         /*不会被选中，作为结束条件，但不被包括*/
</div>
```

(17) offsetPosition( )

返回第一个用于定位的祖先元素，即查找祖先元素中 position 为 relative 或 absolute 的元素。

语法格式如下：

`offsetPosition()`

此方法没有参数。由于 CSS 的绝对定位的定位基准是相对最近的一个已定位元素，因此此方法的作用不言而喻。

```
$("span").offsetParent();
```

```
<div style="position:relative">                    //选中的是div,因此div是已定位元素
    <p>
        <span>我是一个span</span>
    </p>
</div>
```

(18) parent( )

获取指定元素的直接父元素。

语法格式如下：

parent(expr)

expr为筛选条件,如果直接父元素不符合条件,则不返回任何元素(无论它的祖先是否具有能与expr匹配的条件)。

```
$("span").parent();
<div style="position:relative">
    <p>                                           //是span的直接父元素,会被匹配到
        <span>我是一个span</span>
    </p>
</div>
```

(19) parents( )

获取指定元素的所有祖先元素,一直到<body></body>。

语法格式如下：

parents(expr)

expr为筛选条件,如果某个祖先元素不符合expr则排除。

```
$("span").parents();
<div style="position:relative">     /*是span的祖先元素,也会被匹配到.另外<body></body>也会被匹配到*/
    <p>                              //是span的直接父元素,会被匹配到
        <span>我是一个span</span>
    </p>
</div>
```

(20) parentsUntil( )

获取指定元素的祖先元素,直到参数里的条件能匹配到为止。

语法格式如下：

parentsUntil(expr)

expr为停止参数,一直匹配到expr为止,同时参数的条件是不会被匹配中的。

```
$("span").parentsUntil("div");
<div style="position:relative">      /*是span的祖先元素,但是作为停止条件,也不会被选中*/
    <p>                              //是span的直接父元素,会被选中
        <span>我是一个span</span>
    </p>
</div>
```

(21) prev()

获取指定元素的前一个兄弟元素。

语法格式如下：

prev(expr)

expr：可选，当上一个兄弟元素不符合参数中的条件时，不返回任何元素。

```
$(".p2").prev();
<div>
    <p>我是第一个 P</p>              //会被选中，是.p2 的前一个元素
    <p class="p2">我是第二个 P</p>
    <p>我是第三个 P</p>
    <p class="p4">我是第四个 P</p>
</div>
```

(22) prevAll()

获取指定元素前面的所有兄弟元素。

语法格式如下：

prevAll(expr)

expr：可选，排除所有不能够被 expr 匹配上的元素。

```
$(".p4").prevAll(".p2");
<div>
    <p>我是第一个 P</p>              /*不会被选中，虽然是.p4 前面的兄弟元素，但是没有 class=p2 */
    <p class="p2">我是第二个 P</p>   /*会被选中，既是.p4 前面的兄弟元素，又有 class=p2 */
    <p>我是第三个 P</p>              /*不会被选中，虽然是.p4 前面的兄弟元素，但是没有 class=p2 */
    <p class="p4">我是第四个 P</p>
</div>
```

(23) prevUntil()

获取指定元素前面的所有兄弟元素，直到参数里的条件能够匹配到。参数条件本身不会被匹配。

语法格式如下：

prevUntil([expr|ele][,fil])

expr：匹配表达式。DOM：元素匹配。

```
$(".p4").prevUntil(".p2");
<div>
    <p>我是第一个 P</p>              //不会被选中，到 p2 就停止了
    <p class="p2">我是第二个 P</p>   /*不会被选中，是停止条件，不包括*/
    <p>我是第三个 P</p>              /*会被选中，在.p2 前，递归到此再到.p2 */
    <p class="p4">我是第四个 P</p>   /*不会被选中，不可能在自己前面*/
</div>
```

(24) siblings()

获取指定元素的兄弟元素，不分前后。

语法格式如下：

siblings(expr);

expr 为筛选条件，不符合条件的不会被选中。

```
$(".p2").siblings();
<div>
    <p>我是第一个 P</p>              //会被选中，是.p2 的兄弟元素
    <p class="p2">我是第二个 P</p>   //不会被选中，是自己
    <p>我是第三个 P</p>              //会被选中，是.p2 的兄弟元素
    <p class="p4">我是第四个 P</p>   //会被选中，是.p2 的兄弟元素
</div>
```

(25) add( )

将选中的元素添加到 jQuery 对象集合中。

语法格式如下：

add(expr|elements|html|jQueryObject)

expr：选择器表达式。elements：DOM 表达式。html：HTML 片段。jQueryObject：jQuery 对象，将 jQuery 对象集合在一起方便操作。

```
$(".p2").add("span").css("background-color","red");
<div>
    <p>我是第一个 P</p>
    <p class="p2">我是第二个 P</p>          //会变红
    <p>我是第三个 P</p>
    <p class="p4">我是第四个 P</p>
</div>
    <span>我是一个 span</span>              //会变红
```

(26) andSelf( )

将自身加到选中的 jQuery 集合中，以方便一次性操作。

语法格式如下：

andSelf( )

此方法无参数。

```
$(".p2").nextAll().andSelf().css("background-color","red");
<div>
    <p>我是第一个 P</p>
    <p class="p2">我是第二个 P</p>          //会变红，这就是 andSelf()的效果
    <p>我是第三个 P</p>                      //会变红
    <p class="p4">我是第四个 P</p>          //会变红
</div>
```

(27) end( )

将改变当前选择器选中的操作回退为上一个状态。

语法格式如下：

end( )

此方法没有参数。

```
$(".p2").next().end().css("background-color","red");
<div>
    <p>我是第一个 P</p>
    <p class="p2">我是第二个 P</p>        //会变红,这就是 end()的效果
    <p>我是第三个 P</p>                    /*不会变红,尽管 next()方法之后选中的是这一
                                            个,但是由于被 end()方法回退了,因此是上
                                            一个 */

    <p class="p4">我是第四个 P</p>
</div>
```

(28) contents()

此方法没有参数。

contents()函数的返回值为 jQuery 类型,返回一个新的 jQuery 对象,该对象包含了当前 jQuery 对象匹配元素的所有子节点(包括元素、文本、注释等所有类型的节点)。

只要两个 HTML 标签之间存在任何空白字符(空格、换行符等),就会被视作文本节点。

如果元素是一个<iframe>,则选取该文档的所有文档节点。

如果没有匹配的元素,则返回空的 jQuery 对象。

该方法与 children() 方法类似,不同的是它返回的是文本和注释节点。如果在相同的域中,contents() 方法也能访问 iframe 的 HTML。

```
$("div").contents().filter("em").wrap("<b/>");
//查找到所有 div 元素内的文本节点,并且使用 b 元素包裹它们
```

综合案例,请扫一扫

课后练习

1. 编写程序,实现将网页中所有 p 元素的背景颜色更改为红色。
2. 编写程序,选择 <body> 元素中每个可见的元素并设置为不可见。
3. 编写程序,实现选取包含指定字符串的元素。

第10章

使用jQuery制作动画与特效

学习目标

掌握 jQuery 常见动画与特效的制作。

掌握 jQuery 的编程方法。

10.1 显示与隐藏效果

10.1.1 隐藏元素的 hide()方法

通过使用 hide()来隐藏被选的 HTML 元素。

语法格式如下：

$(selector).hide()

$(selector).hide(speed)

speed 规定元素从可见到隐藏的速度。默认为 0，是可选参数，可以取以下值：毫秒（比如 1500）、normal、slow、fast。

例 10-1 隐藏<div>，体会不同的隐藏速度参数。

```
<html>
<head>
<script type="text/javascript" src="../jquery/jquery.js"></script>
<script type="text/javascript">

$(document).ready(function(){
  $("p").click(function(){
    if($(this).parent().is(".div1")==true){$(this).parent().hide(1500);};
    if($(this).parent().is(".div2")==true){$(this).parent().hide("fast");};
    if($(this).parent().is(".div3")==true){$(this).parent().hide("normal");};
    if($(this).parent().is(".div4")==true){$(this).parent().hide("slow");};
  });
});
</script>
</head>
<body>
<h3 class="publishing1">清华大学出版社</h3>
<div class="div1">
    <p>联系人：赵先生<br />
```

扫一扫

```
            单击隐藏 speed=1500<br />
        </p>
</div>
<h3 class="publishing2">北京大学出版社</h3>
<div class="div2">
        <p>联系人：钱先生<br />
            单击隐藏 speed=fast<br />
        </p>
</div>
<h3 class="publishing3">中国人民大学出版社</h3>
<div class="div3">
        <p>联系人：孙先生<br />
            单击隐藏 speed=normal<br />
        </p>
</div>
<h3 class="publishing4">中国农业大学出版社</h3>
<div class="div4">
        <p>联系人：李先生<br />
            单击隐藏 speed=slow<br />
        </p>
</div>
</body>
</html>
```

运行效果如图 10-1 所示。

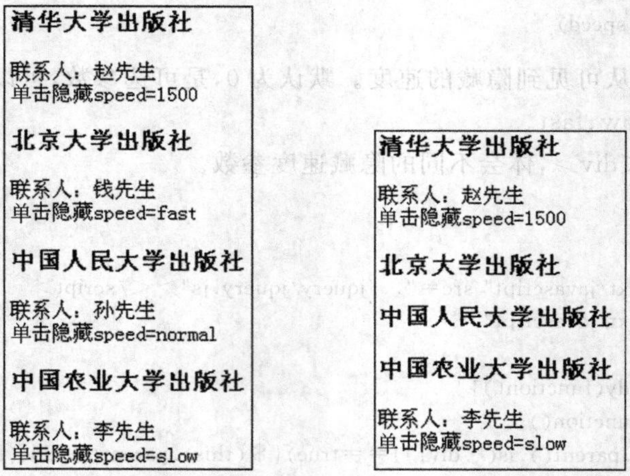

清华大学出版社	清华大学出版社
联系人：赵先生 单击隐藏speed=1500	联系人：赵先生 单击隐藏speed=1500
北京大学出版社	北京大学出版社
联系人：钱先生 单击隐藏speed=fast	中国人民大学出版社
中国人民大学出版社	中国农业大学出版社
联系人：孙先生 单击隐藏speed=normal	联系人：李先生 单击隐藏speed=slow
中国农业大学出版社	
联系人：李先生 单击隐藏speed=slow	
(a) 隐藏前	(b) 隐藏后

图 10-1 元素的隐藏

10.1.2 显示元素的 show() 方法

通过使用 show() 方法来显示被选的 HTML 元素。
语法格式如下：

```
$(selector).show()
$(selector).show(speed)
```

speed 规定元素从不可见到显现的速度。默认为 0，是可选参数，可以取以下值：毫秒（比如 1500）、normal、slow、fast。

例 10-2 对于 10.1.1 小节隐藏的例子，在 JavaScript 里面增加一段，单击<h3>标题，让相应隐藏了的<div>显现出来，体会不同的隐藏速度参数。

```
<html>
<head>
<script type="text/javascript" src="../jquery/jquery.js"></script>
<script type="text/javascript">

    $(document).ready(function(){
        $("h3").click(function(){
            if($(this).is(".publishing1")==true){ $(".div1").show(1500); };
            if($(this).is(".publishing2")==true){ $(".div2").show("fast"); };
            if($(this).is(".publishing3")==true){ $(".div3").show("normal"); };
            if($(this).is(".publishing4")==true){ $(".div4").show("slow"); };
        });
    });

</script>
</head>

<body>
<h3 class="publishing1">清华大学出版社</h3>
<div class="div1" style="display:none">
    <p>联系人：赵先生<br />
    单击隐藏 speed=1500<br />
    </p>
</div>
<h3 class="publishing2">北京大学出版社</h3>
<div class="div2" style="display:none">
    <p>联系人：钱先生<br />
    单击隐藏 speed=fast<br />
    </p>
</div>
<h3 class="publishing3">中国人民大学出版社</h3>
<div class="div3" style="display:none">
    <p>联系人：孙先生<br />
    单击隐藏 speed=normal<br />
    </p>
</div>
<h3 class="publishing4">中国农业大学出版社</h3>
<div class="div4" style="display:none">
    <p>联系人：李先生<br />
    单击隐藏 speed=slow<br />
    </p>
</div>
```

```
</body>
</html>
```

10.1.3 交替显示隐藏元素

toggle()方法切换hide()和show(),用此方法检查元素是否可见,通过使用toggle()方法切换被选元素的hide()与show()方法。如果元素已隐藏,则运行show();如果元素可见,则运行hide()。这样就可以创造切换效果。

语法格式如下:

```
$(selector).toggle()
$(selector).toggle(speed)
```

speed规定元素切换显现隐藏的速度,默认为"0",是可选参数,可以取以下值:毫秒(比如1 500)、normal、slow、fast。

利用toggle()函数,很容易对上面的例子的JavaScript代码部分做修改。

例10-3 单击<h3>标题,让相应的<div>隐藏或者显现出来,体会不同的toggle()速度参数。

```
<script type="text/javascript">
$(document).ready(function(){
  $("h3").click(function(){
    if($(this).is(".publishing1")==true){ $(".div1").toggle(1500); };
    if($(this).is(".publishing2")==true){ $(".div2").toggle("fast"); };
    if($(this).is(".publishing3")==true){ $(".div3").toggle("normal"); };
    if($(this).is(".publishing4")==true){ $(".div4").toggle("slow"); };
  });
});
</script>
```

toggle()方法用于绑定两个或多个事件处理器函数,以响应被选元素的轮流的click事件。

```
<html>
<head>
<script type="text/javascript" src="/jquery/jquery.js"></script>
<script type="text/javascript">
$(document).ready(function(){
  $("button").toggle(function(){
    $("body").css("background-color","red");},
  function(){
    $("body").css("background-color","yellow");},
  function(){
    $("body").css("background-color","blue");}
  );
});
</script>
</head>
```

```
<body>
<button>请单击这里,来切换不同的背景颜色</button>
</body>
</html>
```

toggle()方法还有另外两种用法。

(1) toggle事件绑定两个或更多函数。

当指定元素被单击时,在两个或多个函数之间轮流切换。

如果规定了两个以上的函数,则 toggle() 方法将切换所有函数。例如,如果存在 3 个函数,则第一次单击将调用第一个函数,第二次单击调用第二个函数,第三次单击调用第三个函数。第四次单击再次调用第一个函数,依此类推。

语法格式如下:

$(selector).toggle(function1(),function2(),function*n*(),…)

例 10-4 切换圆的背景颜色。

扫一扫

```
<html>
<head>
<script type="text/javascript" src="../jquery/jquery.js"></script>
<script type="text/javascript">
$(document).ready(function(){
  $("button").toggle(function(){
    $(".yuan").css("background-color","red");},
  function(){
    $(".yuan").css("background-color","yellow");},
  function(){
    $(".yuan").css("background-color","green");}
  );
});
</script>

<style type="text/css">
  .yuan{
    border-radius:50%;                    /*圆角*/
    width: 200px;
    height: 200px;
    background-color: #000000;            /*初始黑色*/
  }
</style>
</head>

<body>
<div class="yuan"></div><br />
<p>单击按钮,切换圆的背景颜色</p><br />
<button>toggle()切换</button><br />
</body>
</html>
```

单击按钮,图案圆背景的颜色从初始黑色开始,红、黄、绿……红、黄、绿……变化,运行效果如图 10-2 所示。

(a) 切换前

(b) 一次切换

(c) 两次切换

图 10-2　切换圆的背景颜色

（2）规定是否只显示或只隐藏所有匹配的元素。

语法格式如下：

$(selector).toggle(switch)

switch 取值，true 为显示元素，false 为隐藏元素。

例 10-5　显示或隐藏所匹配的元素。

扫一扫

```
<html>
<head>
<script type="text/javascript" src="../jquery/jquery.js"></script>
<script type="text/javascript">
$(document).ready(function(){
    $(".btn1").click(function(){
        $("p").toggle(true);
    });
});
</script>
</head>
<body>
<p>这是段落一</p>
<p style="display:none">(默认不显示)这是段落二</p>
<p>把 switch 参数设置为 true 显示所有段落,<br />
    设为 false 可以隐藏所有段落.</p>
<button class="btn1">显示所有 p 元素</button>
</body>
</html>
```

代码中有 3 个 <p> 段落，页面加载段落二设定是 display 而不显示。单击按钮后，调用 toggle(true)，3 个段落都显示。如果参数是 false，那么单击后 3 个段落都不显示，大家可以自己修改参数测试。运行效果如图 10-3 所示。

图 10-3 显示或隐藏所匹配的元素

10.2 滑 动 效 果

通过 jQuery，可以在元素上创建滑动效果。
jQuery 拥有以下滑动方法。
（1）slideDown()。
（2）slideUp()。
（3）slideToggle()。

10.2.1 向上收缩效果

slideUp() 方法用于向上滑动元素。
语法格式如下：

$(selector).slideUp(speed);

可选的 speed 参数规定效果的时长。它可以取以下值：slow、fast 或毫秒。

例 10-6　slideUp() 方法。

扫一扫

```
<html>
<head>
<script type="text/javascript" src="../jquery/jquery.js"></script>
<script type="text/javascript">
$(document).ready(function(){
    $("h3").click(function(){
        if($(this).is(".publishing1")==true){ $(".div1").slideUp(1500); };
        if($(this).is(".publishing2")==true){ $(".div2").slideUp("fast"); };
        if($(this).is(".publishing3")==true){ $(".div3").slideUp("normal"); };
        if($(this).is(".publishing4")==true){ $(".div4").slideUp("slow"); };
    });
});
</script>
</head>
<body>
<h3 class="publishing1">清华大学出版社</h3>
<div class="div1">
    <p>联系人：赵先生<br />
```

```
            单击向上收缩 speed＝1500<br />
        </p>
    </div>
    <h3 class="publishing2">北京大学出版社</h3>
    <div class="div2">
        <p>联系人：钱先生<br />
            单击向上收缩 speed＝fast<br />
        </p>
    </div>
    <h3 class="publishing3">中国人民大学出版社</h3>
    <div class="div3">
        <p>联系人：孙先生<br />
            单击向上收缩 speed＝normal<br />
        </p>
    </div>
    <h3 class="publishing4">中国农业大学出版社</h3>
    <div class="div4">
        <p>联系人：李先生<br />
            单击向上收缩 speed＝slow<br />
        </p>
    </div>
</body>
</html>
```

10.2.2 向下展开效果

jQuery slideDown() 方法用于向下滑动元素。

语法格式如下：

```
$(selector).slideDown(speed,callback)
```

可选的 speed 参数规定效果的时长。它可以取以下值：slow、fast 或毫秒。

可选的 callback 参数是滑动完成后所执行的函数名称。

例 10-7　slideDown()方法。

```
<html>
<head>
<script type="text/javascript" src="../jquery/jquery.js"></script>
<script type="text/javascript">
$(document).ready(function(){
    $("h3").click(function(){
        if($(this).is(".publishing1")==true){ $(".div1").slideDown(1500); };
        if($(this).is(".publishing2")==true){ $(".div2").slideDown("fast"); };
        if($(this).is(".publishing3")==true){ $(".div3").slideDown("normal"); };
        if($(this).is(".publishing4")==true){ $(".div4").slideDown("slow"); };
    });
});
</script>
</head>
```

扫一扫

```
<body>
<h3 class="publishing1">清华大学出版社</h3>
<div class="div1" style="display:none">
    <p>联系人：赵先生<br />
    单击向下展开 speed=1500<br />
    </p>
</div>
<h3 class="publishing2">北京大学出版社</h3>
<div class="div2" style="display:none">
    <p>联系人：钱先生<br />
    单击向下展开 speed=fast<br />
    </p>
</div>
<h3 class="publishing3">中国人民大学出版社</h3>
<div class="div3" style="display:none">
    <p>联系人：孙先生<br />
    单击向下展开 speed=normal<br />
    </p>
</div>
<h3 class="publishing4">中国农业大学出版社</h3>
<div class="div4" style="display:none">
    <p>联系人：李先生<br />
    单击向下展开 speed=slow<br />
    </p>
</div>
</body>
</html>
```

10.2.3 交替伸缩效果

jQuery slideToggle()方法可以在 slideDown()与 slideUp()方法之间进行切换。
如果元素向下滑动，则 slideToggle()方法可向上滑动它们。
如果元素向上滑动，则 slideToggle()方法可向下滑动它们。
语法格式如下：

$(selector).slideToggle(speed)

可选的 speed 参数规定效果的时长。它可以取以下值：slow、fast 或毫秒。

例 10-8 slideToggle()方法。

```
<html>
<head>
<script type="text/javascript" src="../jquery/jquery.js"></script>
<script type="text/javascript">
$(document).ready(function(){
    $("h3").click(function(){
        if($(this).is(".publishing1")==true){ $(".div1").show(1500); };
```

```
            if( $(this).is(".publishing2")==true){ $(".div2").show("fast"); };
            if( $(this).is(".publishing3")==true){ $(".div3").show("normal"); };
            if( $(this).is(".publishing4")==true){ $(".div4").show("slow"); };
        });
    });

</script>
</head>

<body>
<h3 class="publishing1">清华大学出版社</h3>
<div class="div1" style="display:none">
    <p>联系人：赵先生<br />
    单击交替伸缩 speed=1500<br />
    </p>
</div>
<h3 class="publishing2">北京大学出版社</h3>
<div class="div2" style="display:none">
    <p>联系人：钱先生<br />
    单击交替伸缩 speed=fast<br />
    </p>
</div>
<h3 class="publishing3">中国人民大学出版社</h3>
<div class="div3" style="display:none">
    <p>联系人：孙先生<br />
    单击交替伸缩 speed=normal<br />
    </p>
</div>
<h3 class="publishing4">中国农业大学出版社</h3>
<div class="div4" style="display:none">
    <p>联系人：李先生<br />
    单击交替伸缩 speed=slow<br />
    </p>
</div>
</body>
</html>
```

10.3 淡入淡出效果

通过 jQuery，可以实现元素的淡入淡出效果。

jQuery 拥有下面 4 种 fade 方法。

(1) fadeIn()。

(2) fadeOut()。

(3) fadeToggle()。

(4) fadeTo()。

10.3.1 淡入效果

fadeIn()方法用于淡入已隐藏的元素。

语法格式如下：

$(selector).fadeIn(speed,callback)

可选的 speed 参数规定效果的时长。它可以取以下值：slow、fast 或毫秒。

可选的 callback 参数是 fading 完成后所执行的函数名称。

例 10-9 带有不同参数的 fadeIn()方法。

```html
<html>
<head>
<script src="../jquery/jquery.js"></script>
<script>
$(document).ready(function(){
  $("button").click(function(){
    $("#div1").fadeIn();
    $("#div2").fadeIn("slow");
    $("#div3").fadeIn(3000);
  });
});
</script>
</head>

<body>
<p>演示带有不同参数的 fadeIn() 方法.</p>
<button>单击这里,使3个矩形淡入</button>
<br><br>
<div id="div1" style="float:left;width:80px;height:80px;
          background-color:red;display:none;">第一个</div>
<div id="div2" style="float:left;width:80px;height:80px;
          background-color:yellow;display:none;">第二个</div>
<div id="div3" style="float:left;width:80px;height:80px;
          background-color:green;display:none;">第三个</div>
</body>
</html>
```

扫一扫

10.3.2 淡出效果

jQuery fadeOut()方法用于淡出可见元素。

语法格式如下：

$(selector).fadeOut(speed,callback)

可选的 speed 参数规定效果的时长。它可以取以下值：slow、fast 或毫秒。

可选的 callback 参数是 fading 完成后所执行的函数名称。

例 10-10　带有不同参数的 fadeOut() 方法。

```html
<html>
<head>
<script src="../jquery/jquery.js"></script>
<script>
$(document).ready(function(){
  $("button").click(function(){
    $("#div1").fadeOut();
    $("#div2").fadeOut("slow");
    $("#div3").fadeOut(3000);
  });
});
</script>
</head>

<body>
<p>演示带有不同参数的 fadeOut() 方法。</p>
<button>单击这里,使 3 个矩形淡出</button>
<br><br>
<div id="div1" style="float:left;width:80px;height:80px;
  background-color:red;">第一个</div>
<div id="div2" style="float:left;width:80px;height:80px;
  background-color:yellow;">第二个</div>
<div id="div3" style="float:left;width:80px;height:80px;
  background-color:green;">第三个</div>
</body>
</html>
```

10.3.3　交替淡入淡出效果

jQuery fadeToggle() 方法可以在 fadeIn() 与 fadeOut() 方法之间进行切换。

如果元素已淡出,则 fadeToggle() 方法会向元素添加淡入效果。

如果元素已淡入,则 fadeToggle() 方法会向元素添加淡出效果。

语法格式如下:

$(selector).fadeToggle(speed,callback)

可选的 speed 参数规定效果的时长。它可以取以下值:slow、fast 或毫秒。

可选的 callback 参数是 fading 完成后所执行的函数名称。

例 10-11　带有不同参数的 fadeToggle() 方法。

扫一扫

```
$("button").click(function(){
  $("#div1").fadeToggle();
  $("#div2").fadeToggle("slow");
  $("#div3").fadeToggle(3000);
});
```

10.3.4 不透明效果

jQuery fadeTo()方法允许渐变为给定的不透明度(值介于 0 与 1 之间)。
语法格式如下:

$(selector).fadeTo(speed,opacity)

必需的 speed 参数规定效果的时长。它可以取以下值:slow、fast 或毫秒。
fadeTo()方法中必需的 opacity 参数将淡入淡出效果设置为给定的不透明度(值介于 0 与 1 之间)。

例 10-12 带有不同参数的 fadeTo()方法。

```
$("button").click(function(){
  $("#div1").fadeTo("slow",0.15);
  $("#div2").fadeTo("slow",0.4);
  $("#div3").fadeTo("slow",0.7);
});
```

扫一扫

10.4 自定义动画效果

10.4.1 自定义动画

jQuery animate()方法用于创建自定义动画。
语法格式如下:

$(selector).animate({params},speed)

必需的 params 参数定义形成动画的 CSS 属性。
可选的 speed 参数规定效果的时长。它可以取以下值:slow、fast 或毫秒。
默认情况下,所有 HTML 元素的位置都是静态的,并且无法移动。如需对位置进行操作,首先把元素的 CSS position 属性设置为 relative、fixed 或 absolute。调用 animate()方法不仅可以制作简单渐渐变大的动画效果,而且还能制作移动位置的动画。

例 10-13 animate()方法的简单应用。把<div>元素移动到左边,直到 left 属性等于 200px 为止。

```
<html>
<head>
<script src="../jquery/jquery.js">
</script>
<script>
$(document).ready(function(){
  $("button").click(function(){
    $("div").animate({left:'200px'},"slow");
```

扫一扫

```
        });
    });
</script>
</head>

<body>
<button>开始动画</button>
<div style="background:red;height:200px;width:200px;position:absolute;">清华大学
</div>

</body>
</html>
```

可见,可以用 animate() 方法来改变 CSS 的属性值,那是否可以操纵所有的 CSS 属性呢? 答案是肯定的,不过需要记住:当使用 animate() 时,必须使用 Camel 标签法书写所有的属性名,比如,必须使用 paddingLeft 而不是 padding-left,使用 marginRight 而不是 margin-right,等等。

10.4.2 动画队列

jQuery animate():使用队列功能。

默认的,jQuery 提供针对动画的队列功能。这意味着如果开发人员在彼此之后编写多个 animate() 调用,jQuery 会创建包含这些方法调用的"内部"队列。然后逐一运行这些 animate 调用。

例 10-14 动画队列。

```
<html>
<head>
<script src="../jquery/jquery.js"></script>
<script>
    $(document).ready(function(){
        $("button").click(function(){
            var div=$("div");
            div.animate({left:'100px'},"slow");
            div.animate({height:'+=100px',width:'+=100px'});
            div.animate({fontSize:'3em'},"slow");
        });
    });
</script>
</head>

<body>
<button>开始动画</button>
<div style="background:red;height:100px;width:100px;position:absolute;">清华大学
</div>
```

```
</body>
</html>
```

上面的实例是 3 个动画队列。

(1) 将<div>向右移动 100px。

(2) 将<div>的高度、宽度的值各增加 100px。

(3) 将<div>内的文字变大到 3em。

运行效果如图 10-4 所示。

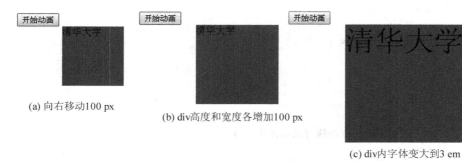

图 10-4 队列功能

10.4.3 动画停止和延时

在 jQuery 中,通过 animate()方法可以实现元素的动画显示,但在显示的过程中,必须考虑各种客观因素和限制性条件的存在,因此,在执行动画时,可通过 stop()方法停止或 delay()方法延时某个动画的执行。stop()与 delay()方法的语法格式如下。

stop()方法的语法格式如下:

stop([clearQueue],[gotoEnd])

这个方法的功能是停止所选元素正在执行的动画,其中可选参数 clearQueue 是一个布尔值,表示是否停止正在执行的动画队列,默认是 false,即仅停止活动的动画,允许任何排入队列的动画向后执行。

另外一个可选参数 gotoEnd 也是一个布尔值,表示是否立即完成正在执行的动画,默认是 false,stop()方法会清除在被选元素上指定的当前动画。

调用 stop()方法停止当前所有动画效果。

在动画完成之前,停止当前正在执行的动画效果:这些效果包括滑动、淡入淡出和自定义的动画。

例 10-15 动画停止。

扫一扫

```
<html>
<head>
<script src="../jquery/jquery.js"></script>
<style>
div {
```

```css
        margin: 10px 0px;
}
span {
        position: absolute;
        width: 80px;
        height: 80px;
        border: solid 1px #ccc;
        margin: 0px 8px;
        background-color: Red;
        color: White;
        vertical-align: middle
}
</style>
</head>

<body>
        <h3>调用 stop()方法执行动画停止</h3>
        <span></span>
        <input id="btnStop" type="button" value="停止" />
        <div id="tip"></div>

        <script type="text/JavaScript">
            $ (function() {
                $ ("span").animate({
                    left : "+=100px"
                }, 3000, function() {
                    $ (this).animate({
                        height : '+=50px',
                        width : '+=50px'
                    }, 3000, function() {
                        $ ("#tip").html("动画完毕!");
                    });
                });
                $ ("#btnStop").bind("click", function() {
                    $ ("span").stop();           //stop()方法的功能是停止所选元素正在执行的动画
                    $ ("#tip").html("动画停止!");
                });
            });
        </script>
</body>
</html>
```

在不单击按钮不做任何干预,结果会运行<span>动画队列。

(1) 将<span>红色方块的向右移动 100px。

(2) 将<span>的高度、宽度的值各增加 50px。

(3) 在<span>完成动画队列,同时在<div id="tip">内书写 HTML 文字"动画完毕!"。

运行效果如图 10-5 所示。

在这个＜span＞动画队列中的任何时间,都可以单击按钮停止动画,＜div id="tip"＞内书写 HTML 文字"动画停止!"。显示效果如图 10-6 所示。

动画延时 delay()方法的语法格式如下:

delay(duration,[queueName])

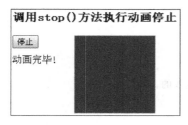
图 10-5　运行效果

图 10-6　动画停止

这个方法的功能是设置一个延时值来推迟后续队列中动画的执行,其中参数 duration 为延时的时间值,单位是毫秒,当超过延时值时,动画继续执行。可选参数 queueName 表示队列名称,即动画队列。

例 10-16　动画延时。

```
<html>
<head>
<script src="../jquery/jquery.js"></script>
<style>
div {
    margin: 10px 0px;
}

span {
    position: absolute;
    width: 80px;
    height: 80px;
    border: solid 1px #ccc;
    margin: 0px 8px;
    background-color: Red;
    color: White;
    vertical-align: middle
}
</style>
</head>

<body>
    <h3>调用 delay()方法延时执行动画效果</h3>
    <span></span>
    <input id="btnStop" type="button" value="延时" />
    <div id="tip"></div>

    <script type="text/javascript">
        $(function() {
```

```
            $("span").animate({
                left : "+=100px"
            }, 3000, function() {
                $(this).animate({
                    height : '+=50px',
                    width : '+=50px'
                }, 3000, function() {
                    $("#tip").html("动画完毕!");
                });
            });
            $("#btnStop").bind("click", function() {
                //delay 是对动画队列的延时,而不是实时生效的
                $("span").delay(3000);
                $("#tip").html("动画延时!");
            });
        });
    </script>
</body>
</html>
```

还是上面的动画例子,调用 delay()方法,结果如图 10-7 所示。

(a) 动画正在执行

(b) 动画被延时　　　　　　　　(c) 超过延时值后动画继续执行

图 10-7　动画延时

综合案例,请扫一扫

课后练习

1. jQuery 实现先淡出再折叠收起的动画效果。
2. jQuery 制作 loading 动画特效。

第11章

jQuery 与 AJAX

学习目标

了解 AJAX 的概念及功能。

掌握 jQuery 与 AJAX 方法与事件。

11.1 AJAX 简介

AJAX 并不是一种新的编程语言,而是一种新的技术,它可以创建更好、更快且交互性更强的 Web 应用程序。

11.1.1 AJAX 概述

AJAX 即 Asynchronous JavaScript And XML(异步 JavaScript 和 XML),是一种创建交互式网页应用的网页开发技术。AJAX 使用 JavaScript 在 Web 浏览器与 We 服务器之间发送和接收数据。通过在后台与服务器进行少量数据交换,AJAX 可以使网页实现异步更新。这意味着可以在不重新加载整个网页的情况下,对网页的某部分进行更新。而传统的网页(不使用 AJAX)如果需要更新内容,必须重载整个网页页面。

AJAX 基于 JavaScript、XML、HTML、CSS 开放标准,AJAX 应用程序独立于浏览器和平台。可以说,它是一种跨平台跨浏览器的技术。大多数 Web 应用程序可通过使用 AJAX 技术进行重写,来替代传统的 HTML 表单。

11.1.2 AJAX 原理和 XmlHttpRequest 对象

AJAX 的原理简单来说通过 XmlHttpRequest 对象来向服务器发送异步请求,从服务器获得数据,然后用 JavaScript 来操作 DOM 而更新页面。其中最关键的一步就是从服务器获得请求数据。XmlHttpRequest 是 AJAX 的核心机制,它是在 IE 5 中首先引入的,是一种支持异步请求的技术,也就是 JavaScript 可以及时向服务器提出请求和处理响应,达到无刷新的效果。

XmlHttpRequest 对象有以下属性。

(1) onreadystatechange:每次状态改变所触发事件的事件处理程序。

(2) responseText:从服务器进程返回数据的字符串形式。

(3) responseXml:从服务器进程返回的 DOM 兼容的文档数据。

(4) status：从服务器返回的数字代码，比如常见的 404(未找到)和 200(已就绪)。
(5) statusText：伴随状态码的字符串信息。
(6) readyState：对象状态值。

0(未初始化)：对象已建立，但是尚未初始化(尚未调用 open()方法)。
1(初始化)：对象已建立，尚未调用 send()方法。
2(发送数据)：send()方法已调用，但是当前的状态及 http 头未知。
3(数据传送中)：已接收部分数据，因为响应及 http 头不全，这时通过 responseBody 和 responseText 获取部分数据会出现错误。
4(完成)：数据接收完毕，此时可以通过 responseXml 和 responseText 获取完整的回应数据。

但是，由于各浏览器之间存在差异，所以创建一个 XmlHttpRequest 对象可能需要不同的方法。这个差异主要体现在 IE 和其他浏览器之间。

下面是一个比较标准的创建 XmlHttpRequest 对象的方法。

```
function CreateXmlHttp() {
//非 IE 浏览器创建 XmlHttpRequest 对象
    if (window.XmlHttpRequest) {
        xmlhttp = new XmlHttpRequest();
    }
//IE 浏览器创建 XmlHttpRequest 对象
    if (window.ActiveXObject) {
        try {
            xmlhttp = new ActiveXObject("Microsoft.XMLHTTP");
        }
        catch (e) {
            try {
                xmlhttp = new ActiveXObject("msxml2.XMLHTTP");
            }
            catch (ex) {}
        }
    }
}
function Ustbwuyi() {
    var data = document.getElementById("username").value;
    CreateXmlHttp();
    if (!xmlhttp) {
        alert("创建 xmlhttp 对象异常!");
        return false;
    }
    xmlhttp.open("POST", url, false);
    xmlhttp.onreadystatechange = function () {
        if (xmlhttp.readyState == 4) {
            document.getElementById("user1").innerHTML = "数据正在加载...";
            if (xmlhttp.status == 200) {
                document.write(xmlhttp.responseText);
            }
        }
    }
}
```

                }
                xmlhttp.send();
        }

函数首先检查 XmlHttpRequest 的整体状态并且保证它已经完成（readyStatus=4），如上所示，即数据已经发送完毕。然后根据服务器的设定询问请求状态，如果一切已经就绪（status=200），那么就执行下面需要的操作。

对于 XmlHttpRequest 的两个方法，open()和 send()，其中 open()方法指定以下内容。

（1）向服务器提交数据的类型，即是 post 还是 get。

（2）请求的 URL 地址和传递的参数。

（3）传输方式，false 为同步，true 为异步。默认为 true。如果是异步通信方式（true），客户机就不等待服务器的响应；如果是同步通信方式（false），客户机就要等到服务器返回消息后才去执行其他操作。需要根据实际需要来指定同步方式，在某些页面中，可能会发出多个请求，后一个会覆盖前一个，这时必须指定同步方式。

send()方法用来发送请求。

知道了 XmlHttpRequest 的工作流程，可以看出，XmlHttpRequest 是完全用来向服务器发出一个请求的，它的作用局限于此，但它的作用是整个 AJAX 实现的关键，因为 AJAX 无非是两个过程，发出请求和响应请求，并且它完全是一种客户端的技术。而 XmlHttpRequest 正是处理了服务器端和客户端通信的问题，所以才会如此的重要。

可以把服务器端看成一个数据接口，它返回的是一个纯文本流，当然，这个文本流可以是 XML 格式，可以是 HTML，可以是 JavaScript 代码，也可以只是一个字符串。这时，XmlHttpRequest 向服务器端请求这个页面，服务器端将文本的结果写入页面，这和普通的 Web 开发流程是一样的，不同的是，客户端在异步获取这个结果后，不是直接显示在页面，而是先由 JavaScript 来处理，然后再显示在页面。

11.1.3 jQuery AJAX 操作函数

jQuery 库拥有完整的 AJAX 兼容套件。其中的函数和方法允许在不刷新浏览器的情况下从服务器加载数据。详细函数见表 11-1。

表 11-1　jQuery AJAX 操作函数

函　　数	简　　介
jQuery.ajax()	执行异步 HTTP（AJAX）请求
.ajaxComplete()	当 AJAX 请求完成时注册要调用的处理程序。这是一个 AJAX 事件
.ajaxError()	当 AJAX 请求完成且出现错误时注册要调用的处理程序。这是一个 AJAX 事件
.ajaxSend()	在 AJAX 请求发送之前显示一条消息
jQuery.ajaxSetup()	设置将来的 AJAX 请求的默认值
.ajaxStart()	当首个 AJAX 请求完成开始时注册要调用的处理程序。这是一个 AJAX 事件
.ajaxStop()	当所有 AJAX 请求完成时注册要调用的处理程序。这是一个 AJAX 事件
.ajaxSuccess()	当 AJAX 请求成功完成时显示一条消息

续表

函 数	简 介
jQuery.get()	使用 HTTP GET 请求从服务器加载数据
jQuery.getJSON()	使用 HTTP GET 请求从服务器加载 JSON 编码数据
jQuery.getScript()	使用 HTTP GET 请求从服务器加载 JavaScript 文件,然后执行该文件
.load()	从服务器加载数据,然后返回到 HTML 放入匹配元素
jQuery.param()	创建数组或对象的序列化表示,适合在 URL 查询字符串或在 AJAX 请求中使用
jQuery.post()	使用 HTTP POST 请求从服务器加载数据
.serialize()	将表单内容序列化为字符串
.serializeArray()	序列化表单元素,返回 JSON 数据结构数据

11.2 jQuery 中的 AJAX 方法

jQuery 提供多个与 AJAX 有关的方法。通过 jQuery AJAX 方法,能够使用 HTTP GET 和 HTTP POST 从远程服务器上请求文本、HTML、XML 或 JSON,同时能够把这些外部数据直接载入网页的被选元素中。

11.2.1 load()方法

jQuery load() 方法是简单但强大的 AJAX 方法。load() 方法从服务器加载数据,并把返回的数据放入被选元素中。

语法格式如下:

$(selector).load(url,data,callback)

url:必需,规定希望加载的 URL。
data:可选,规定与请求一同发送的查询字符串键/值对集合。
callback:可选,是 load() 方法完成后所执行的函数名称。

将下面示例文件代码输入文本编辑工具中,保存文件名称为"demo_test.txt",并与例 11-1 文件放在同一路径下。

```
<h2>jQuery and AJAX is FUN!!!</h2>
<p id="p1">This is some text in a paragraph.</p>
```

例 11-1 把文件"demo_test.txt"的内容加载到指定的元素中。

扫一扫

```
<!DOCTYPE html>
<html>
<head>
<script src="/jquery/jquery-1.11.1.min.js">
</script>
<script>
$(document).ready(function(){
```

```
    $("#btn1").click(function(){
       $('#test').load('demo_test.txt');
    })
})
</script>
</head>
<body>
<h3 id="test">请单击下面的按钮,通过 jQuery AJAX 改变这段文本.</h3>
<button id="btn1" type="button">获得外部的内容</button>
</body>
</html>
```

程序运行后显示内容如图 11-1 所示。

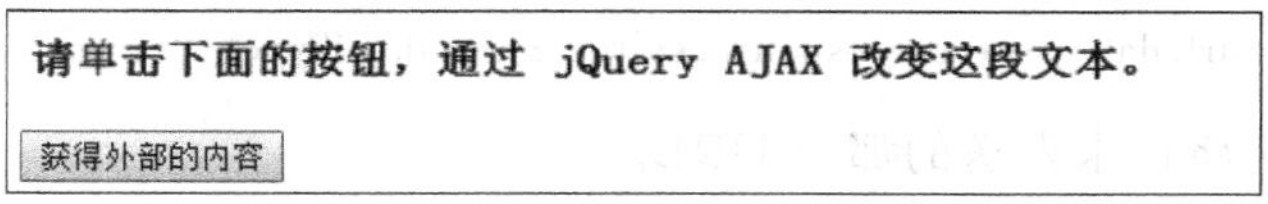

图 11-1　程序初始内容

单击"获得外部的内容"按钮后,显示如图 11-2 所示内容。外部文件 demo_test.txt 中的内容替换了网页中原来显示的内容。

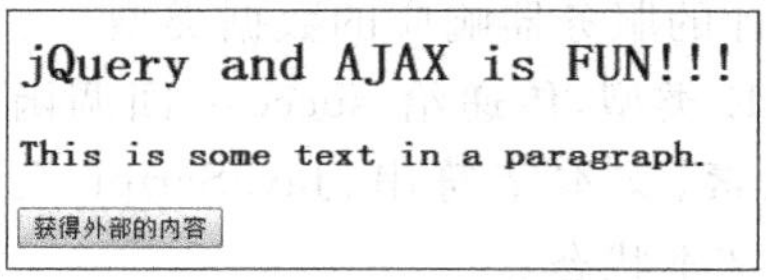

图 11-2　程序运行后的内容

可选的 callback 参数规定当 load() 方法完成后所允许的回调函数。回调函数可以设置不同的参数。

responseTxt：包含调用成功时的结果内容。

statusTXT：包含调用的状态。

xhr：包含 XmlHttpRequest 对象。

下面的程序会在 load() 方法完成后显示一个提示框。如果 load() 方法已成功,则显示"外部内容加载成功!",否则显示错误消息。

```
$("button").click(function(){
  $("#div1").load("demo_test.txt", function(responseTxt, statusTxt, xhr){
    if(statusTxt=="success")
       alert("外部内容加载成功!");
    if(statusTxt=="error")
       alert("Error: "+xhr.status+": "+xhr.statusText);
  });
});
```

11.2.2 $.get()方法和$.post()方法

jQuery get()和post()方法用于通过 HTTP GET 或 POST 请求从服务器请求数据。在客户端和服务器端进行请求-响应的常用方法是 GET 和 POST。GET 从指定的资源请求数据，POST 向指定的资源提交要处理的数据。

get()方法通过远程 HTTP GET 请求载入信息。这是一个简单的 GET 请求功能以取代复杂的 $.ajax。请求成功时可调用回调函数。如果需要在出错时执行函数，则需要使用 $.ajax。

语法格式如下：

```
$(selector).get(url,data,success(response,status,xhr),dataType)
```

url：必需，规定将请求发送的那个 URL。

data：可选，规定连同请求发送到服务器的数据。

success(response,status,xhr)：可选，规定当请求成功时运行的函数。额外的参数：response，包含来自请求的结果数据；status，包含请求的状态；xhr，包含 XmlHttpRequest 对象。

dataType：可选，规定预计的服务器响应的数据类型。

根据响应的不同的 MIME 类型，传递给 success 回调函数的返回数据也有所不同，这些数据可以是 XML root 元素、文本字符串、JavaScript 文件或者 JSON 对象。也可向 success 回调函数传递响应的文本状态。

GET 基本上用于从服务器获得(取回)数据。GET 方法可能返回缓存数据。

例如下面语句：

```
$.get("test.php", { name: "John", time: "2pm" } );
```

表示请求 test.php 网页，传送 name 和 time 这两个参数，并忽略返回值。下面示例：

```
$.get("test.php", function(data){
    alert("Data Loaded: " + data);
});
```

表示显示 test.php 返回值(HTML 或 XML,取决于返回值)。

编辑 demo_test.asp 文件，包含"这是个从 asp 文件中读取的数据"内容，并与例 11-2 文件放在同一路径下。

例 11-2 使用 $.get()方法。

```
<!DOCTYPE html>
<html>
<head>
<script src="/jquery/jquery-1.11.1.min.js"></script>
<script>
$(document).ready(function(){
```

扫一扫

```
        $("button").click(function(){
            $.get("demo_test",function(data,status){
                alert("数据: " + data + "\n 状态: " + status);
            });
        });
    });
</script> </head>
<body>
<button>发送一个 HTTP GET 请求并获取返回结果</button>
</body>
</html>
```

程序运行后,网页中显示包含"发送一个 HTTP GET 请求并获取返回结果"提示信息的按钮。单击后,弹出窗口,并显示提示信息,如图 11-3 所示。

POST 方法通过 HTTP POST 请求从服务器载入数据。不过,POST 方法不会缓存数据,并且常用于连同请求一起发送数据。

语法格式如下:

jQuery.post(url,data,success(data, textStatus, jqXHR),dataType)

url:必需,规定将请求发送到哪个 URL。
data:可选,规定连同请求发送到服务器的数据。
success(data, textStatus, jqXHR):可选,参数是请求成功后所执行的函数名。
dataType:可选,规定预期的服务器响应的数据类型。默认执行智能判断(xml、json、script 或 html)。

例 11-3 使用 $.post() 连同请求一起发送数据。

扫一扫

```
$("button").click(function(){
$.post("demo_test_post.php",{
    name:"126 邮箱",
    url:"http://www126.com" },
    function(data,status){
      alert("数据: \n" + data + "\n 状态: " + status);
    });
});
```

在网页上编辑运行后,显示如图 11-4 所示的内容。

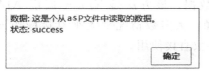

图 11-3 提示信息

图 11-4 测试 post 结果

其中,demo_test_post.php 文件实现了串联文字信息的作用,代码如下:

```
<?php
$name=isset($_POST['name']) ? htmlspecialchars($_POST['name']) : '';
```

```
$url=isset($_POST['url']) ? htmlspecialchars($_POST['url']) : '';
echo '网站名：'.
$name; echo "\n";
echo 'URL 地址：'.
$url;
?>
```

11.2.3 $.getScript()方法和$.getJSON()方法

getScript()方法通过 HTTP GET 请求载入并执行 JavaScript 文件。

语法格式如下：

```
$(selector).getScript(url,success(response,status))
```

url：必需，规定将请求发送到哪个 URL。

success(response,status)：可选，规定请求成功后执行的回调函数。额外的参数：response，包含来自请求的结果数据；status，包含请求的状态（success,notmodified,error,timeout 或 parsererror）。

下面语句表示通过 AJAX 请求来获得并运行一个 JavaScript 文件。

```
$("button").click(function(){
    $.getScript("demo_ajax_script.js");
});
```

getJSON()方法通过 HTTP GET 请求载入 JSON 数据。

语法格式如下：

```
jQuery.getJSON(url,data,success(data,status,xhr))
```

url：必需，规定将请求发送到哪个 URL。

data：可选，规定连同请求发送到服务器的数据。

success(data,status,xhr)：可选，规定当请求成功时运行的函数。额外的参数：data，包含来自请求的结果数据；xhr，包含 XmlHttpRequest 对象；status，包含请求的状态。

11.2.4 $.ajax()方法

ajax()方法通过 HTTP 请求加载远程数据。该方法是 jQuery 底层 AJAX 实现。$.ajax()返回其创建的 XmlHttpRequest 对象。大多数情况下无须直接操作该函数。最简单的情况下，$.ajax()方法可以不带任何参数直接使用。

语法格式如下：

```
jQuery.ajax([settings])
```

可选参数 settings 用于配置 AJAX 请求的集合（{name:value,name:value,...}）。可以通过 $.ajaxSetup() 设置任何选项的默认值。

$.ajax()函数依赖服务器提供的信息来处理返回的数据。如果服务器报告返回的数据是 XML,那么返回的结果就可以用普通的 XML 方法或者 jQuery 的选择器来遍历。如果是其他类型,比如 HTML,则数据就以文本形式来对待。JSONP 是 JSON 格式的扩展。它要求一些服务器端的代码来检测并处理查询字符串参数。

编写测试文件"test1.txt",内容如下,并与例 11-4 文件存放在相同路径。

```
<p>AJAX 是一个很棒的功能.</p>
<p>It is just a technique for creating better and more interactive web applications.</p>
```

例 11-4　ajax()方法。

```
<html>
<head>
<script type="text/javascript" src="/jquery/jquery.js"></script>
<script type="text/javascript">
$(document).ready(function(){
    $("#b01").click(function(){
        htmlobj=$.ajax({url:"test1.txt",async:false});
        $("#myDiv").html(htmlobj.responseText);
    });
});
</script>
</head>
<body>
<div id="myDiv"><h2>通过 AJAX 改变文本</h2></div>
<button id="b01" type="button">改变内容</button>
</body>
</html>
```

通过单击网页上的"改变内容"按钮,可以将网页内原有的内容"通过 AJAX 改变文本"修改为"AJAX 是一个很棒的功能。It is just a technique for creating better and more interactive web applications. "。

11.3　jQuery 中的 AJAX 事件

事件处理程序指的是当 HTML 中发生某些事件时所调用的方法。通常会把 jQuery 代码放到 <head> 部分的事件处理方法中。AJAX 会触发很多事件。通常可以划分为两种事件。一种是局部事件;一种是全局事件。局部事件:通过 $.ajax 来调用并且分配。

```
$.ajax({
    beforeSend: function(){
        //Handle the beforeSend event
    },
    complete: function(){
        //Handle the complete event
    }
    //...
});
```

全局事件,可以用 bind 来绑定,用 unbind 来取消绑定。与 click/mousedown/keyup 等事件类似,但它可以传递到每一个 DOM 元素上。

```
$("#loading").bind("ajaxSend", function(){        //使用 bind
    $(this).show();
}).ajaxComplete(function(){                       //直接使用 ajaxComplete
    $(this).hide();
});
```

当然,如果某一个 AJAX 请求不希望产生全局的事件,则可以设置 global:false。

```
$.ajax({
    url: "test.html",
    global: false,
    //...
});
```

事件顺序与功能如表 11-2 所示。

表 11-2　jQuery AJAX 事件

事件	功能
ajaxStart 全局事件	开始新的 AJAX 请求,并且此时没有其他 AJAX 请求正在进行
beforeSend 局部事件	当一个 AJAX 请求开始时触发。如果需要,可以在这里设置 XHR 对象
ajaxSend 全局事件	请求开始前触发的全局事件
success 局部事件	请求成功时触发。即服务器没有返回错误,返回的数据也没有错误
ajaxSuccess 全局事件	全局的请求成功
error 局部事件	仅当发生错误时触发。无法同时执行 success() 和 error() 两个回调函数
ajaxError 全局事件	全局发生错误时触发
complete 局部事件	不管请求成功还是失败,即便是同步请求,也都能在请求完成时触发这个事件
ajaxComplet 全局事件	全局的请求完成时触发
ajaxStop 全局事件	当没有 AJAX 正在进行时触发

全局事件中,除了 ajaxStart 和 ajaxStop 之外,其他的事件都有 3 个参数:event、XmlHttpRequest、ajaxOptions。第一个是事件,第二个是 XHR 对象,第三个是当时调用这个 AJAX 时的参数。对于 ajaxError,还有第四个参数 thrownError,只有当异常发生时才会被传递。

可以利用各种事件进行参数的传递。例如下面一段程序,通过 AJAX 调用来实现自定义参数的传递。

```
//自定义参数 messg
$.ajax({url:"test1.html",type:"get",messg:"页面一"});
$.ajax({url:"test2.html",type:"get",messg:"页面二"});
$.ajax({url:"test3.html",type:"get",messg:"页面三"});
$.ajax({url:"test4.html",type:"get",messg:"页面四"});
```

上面这段程序,可以获取到自定义参数 messg 的内容,但对于不同的 AJAX 请求,还无法判断,下面对程序进行改写,以实现区别对待不同的 AJAX 请求。

```
    $("#messg").beforeSend(function(e,xhr,o) {
        $(this).html("正在请求"+o.messg);
    }).ajaxSuccess(function(e,xhr,o) {
        $(this).html(o.messg+"请求成功");
    }).ajaxError(function(e,xhr,o) {
        $(this).html(o.messg+"请求失败");
    });
```

综合案例,请扫一扫

课后练习

1. 编写一个网页,如图 11-5 所示,单击"导入"按钮后,将外部提交的基本个人信息(11 课后练习 1 辅助文件)替换掉网页中初始信息内容,如图 11-6 所示。

图 11-5 练习 1 页面起始内容 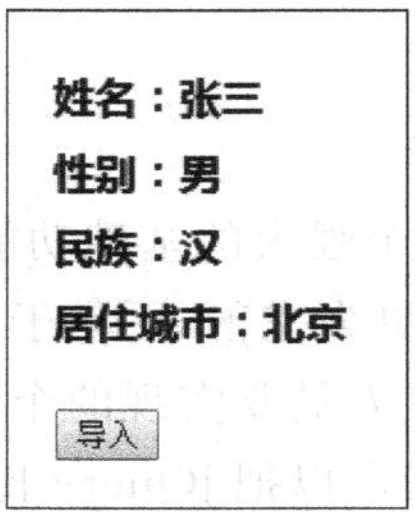　　　　图 11-6 练习 1 页面导入内容

2. 制作网页 1,包含练习 1 中辅助文件内容;制作网页 2,包含相应提示按钮,实现单击按钮,将网页 1 中信息导入网页 2 中。

第12章

jQuery插件的开发与使用

学习目标

掌握 jQuery 的插件开发。

熟练使用 jQuery 的插件开发程序。

12.1　jQuery 插 件

1．插件的概念

jQuery 提供一个强大的基础功能包，里面包含许多基础功能。jQuery 插件是以 jQuery 为基础开发的功能更为完善、更易于直接使用的功能包，即 jQuery 插件是对 jQuery 库的拓展，插件里面是开发人员要实现的个性化的效果。

为了便于理解，可以把 jQuery 比喻为各种尺寸的木条、木板。jQuery 插件是用这些木条、木板做成的各种桌子、椅子、床。

而制作网页时，则可以用 jQuery 插件，也就是这些桌子、椅子、床，通过组合摆放实现家居整体设计方案。

jQuery 提供选择器（就是 $("♯domid")之类）、效果（就是 animate）等基础功能。

jQuery 插件如 slidesjs，则用上面的功能实现图片轮播效果。这个插件只有这一个图片轮播效果功能。

制作网页时，则可以直接使用这个插件 slidesjs，不用自己再写功能定义代码。只需使用这个插件的调用与设置（也就是上面说的组合摆放）就可以在网页中实现广告图片切换轮播效果了。

一般情况下 jQuery 插件只实现一个功能且可以直接使用。少数 jQuery 插件实现多个功能。

2．jQuery 插件的种类

插件一般分为 3 类。

（1）对象级别的插件，即给 jQuery 对象添加方法，封装对象方法的插件，如 parent()、appendTo()。

（2）类级别的插件，即给 jQuery 添加新的全局函数，相当于给 jQuery 类本身添加方法，jQuery 的全局函数就是属于 jQuery 命名空间的函数，封装全局函数的插件。

（3）选择器插件，这种插件开发时很少使用，各类自定义的插件多数属于前面两种。

12.2 常用 jQuery 插件

jQuery 插件太多了,只有自己用到的时候才知道该用什么,平时常用的有分页插件、轮播图插件、移动端时间和日期选择插件等。在此列举两种常用插件。

1. 轮播图插件

轮播图片功能在当前的网站上使用得特别多。unslider 是一个很好用的幻灯片插件,是一款非常轻量的 jQuery 插件,能够用于任何 HTML 内容的滑动。可以响应容器的大小变化,自动排布不同大小的滑块。引入 unslider.min.js 就可直接使用。

例 12-1 显示轮播 5 张世界不同城市的标志图片。

扫一扫

```
<!-- 首先引入 jQuery 和 unslider -->
<script src="jquery/jquery.js"></script>
<script src="jquery/unslider.min.js"></script>

<!-- 写点样式,让轮播好看点 -->
<style>
ul, ol { padding: 0;}
.banner { position: relative; overflow: auto; text-align: center;}
.banner li { list-style: none; }
.banner ul li { float: left; }
#b04 { width: 640px;}
#b04 .dots { position: absolute; left: 0; right: 0; bottom: 20px;}
#b04 .dots li
{
    display: inline-block;
    width: 10px;
    height: 10px;
    margin: 0 4px;
    text-indent: -999em;
    border: 2px solid #fff;
    border-radius: 6px;
    cursor: pointer;
    opacity: .4;
    -webkit-transition: background .5s, opacity .5s;
    -moz-transition: background .5s, opacity .5s;
    transition: background .5s, opacity .5s;
}
#b04 .dots li.active
{
    background: #fff;
    opacity: 1;
}
#b04 .arrow { position: absolute; top: 200px;}
#b04 #al { left: 15px;}
#b04 #ar { right: 15px;}
```

```html
        </style>

    <body>
    <!-- 把要轮播的地方写上来 -->
    <div class="banner" id="b04">
        <ul>
            <li><img src="../img/01.jpg" alt="" width="640" height="480"></li>
            <li><img src="../img/02.jpg" alt="" width="640" height="480"></li>
            <li><img src="../img/03.jpg" alt="" width="640" height="480"></li>
            <li><img src="../img/04.jpg" alt="" width="640" height="480"></li>
            <li><img src="../img/05.jpg" alt="" width="640" height="480"></li>
        </ul>
        <a href="JavaScript:void(0);" class="unslider-arrow04 prev"><img class="arrow" id="al" src="../img/arrowl.png" alt="prev" width="20" height="35"></a>
        <a href="javascript:void(0);" class="unslider-arrow04 next"><img class="arrow" id="ar" src="../img/arrowr.png" alt="next" width="20" height="37"></a>
    </div>

    </body>

    <!-- 最后用 JavaScript 控制 -->
    <script>
    $(document).ready(function(e) {
        var unslider04 = $('#b04').unslider({
            dots: true
        }),
        data04 = unslider04.data('unslider');

        $('.unslider-arrow04').click(function() {
            var fn = this.className.split(' ')[1];
            data04[fn]();
        });
    });
    </script>
```

运行结果如图 12-1 所示。

图 12-1 图片轮播

参数如表 12-1 所示。

表 12-1　参数

参　数	说　明
speed	图片切换的速度，数字，单位为毫秒
delay	图片停留的时间，数字，单位为毫秒
complete	每次图片切换完后的回调函数，function(){}
keys	是否支持键盘控制，取值为 true/false
dots	是否显示指示器，取值为 true/false
fluid	是否支持响应式布局，取值为 true/false

例如：

```
$('.banner').unslider({
    speed: 500,                        //滚动速度
    delay: 3000,                       //动画延迟
    complete: function(){},            //动画完成的回调函数
    keys: true,                        //启动键盘导航
    dots: true,                        //显示点导航
    fluid: false                       //支持响应式设计
});
```

2. 手风琴折叠菜单插件

例 12-2　手风琴折叠菜单的应用。

扫一扫

```
<html>
<head>
<script src="jquery/jquery.js"></script>
<style>
<style>
body{
    margin:0;
    padding:0;
    background:url(img/bg1.jpg) #400B4F no-repeat;
}

.container{
    width:700px;
    height:500px;
    margin:70px auto;
}

.handle{
    float:left;
    margin:0 2px;
    width:50px;
    height:500px;
    cursor:pointer;
    background:#F0F;
    font:bold 24px Arial, Helvetica, sans-serif;
```

```css
        text-align:center;
        color:#FFF;
        -webkit-border-radius:25px;
        -moz-border-radius:25px;
        -o-border-radius:25px;
        border-radius:25px;
        -webkit-transition:0.3s ease-in-out;
        -moz-transition:0.3s ease-in-out;
        -o-transition:0.3s ease-in-out;
        -ms-transition:0.3s ease-in-out;
    }

    .handle:hover{
        background:#FC3;
        -webkit-transform:scale(1.02);
        -moz-transform:scale(1.02);
        -ms-transform:scale(1.02);
        -o-transform:scale(1.02);
    }

    .select{
        background:#FC3;
    }

    .slide{
        background:url(../img/black.jpg);
        float:left;
        width:220px;
        height:500px;
        display:none;
        margin:0 4px;
        -webkit-border-radius:25px;
        -moz-border-radius:25px;
        -o-border-radius:25px;
        border-radius:25px;
    }

    img{
        background:#FFF;
        display:block;
        width:180px;
        height:440px;
        margin:20px auto;
        padding:5px;
    }

    .rotate{
        margin:50px auto;
        -webkit-transform:rotate(90deg);
        -moz-transform:rotate(90deg);
        -ms-transform:rotate(90deg);
```

```
            -o-transform:rotate(90deg);
    }
</style>

<script type="text/javascript">
$(document).ready(function(){
    var j=1;
    $(".handle").each(function(){
        if($.browser.msie&&($.browser.version<="8.0"))
        {
            $(this).children("p").html(j);
            j++;
        }
        else{
            var i=$(this).attr("id");
            $(this).children("p").html(i);
        }
    })

    $(".handle").click(function(){
        if(!$(this).siblings(".slide").is(":visible")){
            $(this).addClass("select");
            $(this).siblings(".slide").animate({width:"show"},180);
            $(this).parent().siblings().children(".slide").animate({width:"hide"},180);
            $(this).parent().siblings().children(".handle").removeClass("select");
        }
        else{
            $(this).siblings(".slide").animate({width:"hide"},180);
            $(this).removeClass("select");
        }
    })
})
</script>
</head>

<body>
<div class="container">
<div>
        <div class="handle" id="spring"><p class="rotate"></p></div>
        <div class="slide"><img src="../img/spring.jpg" /></div>
</div>
<div>
        <div class="handle" id="summer"><p class="rotate"></p></div>
        <div class="slide"><img src="../img/summer.jpg" /></div>
</div>
<div>
        <div class="handle" id="autumn"><p class="rotate"></p></div>
        <div class="slide"><img src="../img/autumn.jpg" /></div>
</div>
```

```
        <div>
            <div class="handle" id="winter"><p class="rotate"></p></div>
            <div class="slide"><img src="../img/winter.jpg" /></div>
        </div>
    </div>
</body>
</html>
```

上面例子设定春、夏、秋、冬四季的4张照片,单击菜单条目,对应的季节图片就像手风琴一样能拉开或者合上,效果如图12-2所示。

图 12-2 手风琴折叠菜单

12.3 开发自己的插件

jQuery 为开发插件提供了两个方法:封装方法插件和封闭函数插件。语法格式如下:

jQuery.fn.extend(object);   //给 jQuery 类添加方法.
jQuery.extend(object);   /*为扩展 jQuery 类本身,为类添加新的方法,可以理解为添加静态方法*/

这两个方法都接收一个参数,类型为 object,object 对应的"名/值对"分别代表函数或方法体/函数主体。

1. 编写 jQuery 插件

封装 jQuery 方法的插件,首先需要在 JavaScript 文件里搭好框架,代码如下:

;(function($){
    //这里写插件代码
})(jQuery);

2. 对象级别的插件开发

即给 jQuery 对象添加方法,封装对象方法的插件,如 parent()、appendTo()。
由于是对 jQuery 对象的方法扩展,因此采用扩展类(封装对象方法)插件的方法 jQuery.fn.extend()来编写。

fn 是什么呢？原来 jQuery.fn=jQuery.prototype。读者对 prototype 肯定不会陌生。虽然 JavaScript 没有明确的类的概念，但是用类来理解它会更方便。jQuery 便是一个封装得非常好的类，比如用语句 $("♯btn1") 可以生成一个 jQuery 类的实例。

jQuery.fn.extend(object) 对 jQuery.prototype 进行扩展，就是为 jQuery 类添加"成员函数"。jQuery 类的实例可以使用这个"成员函数"，即 $("♯id").object()。

```
<span style="font-size:12px;">;(function($){
    $.fn.extend({
        "color":function(value){
            //这里写插件代码
        }
    });
})(jQuery);</span>
```

或

```
<span style="font-size:12px;">;(function($){
    $.fn.color=function(value){
        //这里写插件代码
    }
})(jQuery);</span>
```

这里的方法提供一个参数 value，如果调用方法时传入 value，那么就用这个值来设置字体颜色，否则就是获取匹配元素的字体颜色的值。用 jQuery.fn.extend() 方法来编写代码，如下所示：

```
<span style="font-size:12px;">;(function($){
    $.fn.extend({
        "color":function(value){
            return this.css("color",value);
        }
    });
})(jQuery);</span>
```

插件内部的 this 指向的是 jQuery 对象，而非普通的 DOM 对象。插件如果不需要返回字符串之类的特定值，应当使其具有可链接性。

为此，直接返回这个 this 指向的对象，由于 css() 方法也会返回调用它的对象，即此外的 this，因此可以将代码写成下面的形式：

```
;(function($){
    $.fn.extend({
        "color": function(value){
            return this.css("color",value);
        }
    });
})(jQuery);
```

调用时可直接写成：

```
$("div").color("red");
```

另外如果要定义一组插件,可以使用如下所示写法:

```
<span style="font-size:12px;">;(function($){
    $.fn.extend({
        "color":function(value){
            //这里写插件代码
        },
        "border":function(value){
            //这里写插件代码
        },
        "background":function(value){
            //这里写插件代码
        }
    });
})(jQuery);</span>
```

比如要开发一个插件,做一个特殊的编辑框,当它被单击时,便提示当前编辑框里的内容。代码如下:

```
$.fn.extend({
    alertWhileClick:function(){
        $(this).click(function(){
            alert($(this).val());
        });
    }
});
$("#input1").alertWhileClick();        /*页面上为:"<input id="input1" type="text"/>"*/
```

$("#input1")为一个jQuery实例,当它调用成员方法alertWhileClick后,便实现了扩展,每次被单击时它会先弹出目前编辑里的内容。

3. 封装全局函数的插件

这类插件是在jQuery命名空间内部添加一个函数。这类插件很简单,只是普通的函数,没有特别需要注意的地方。典型的例子就是$.AJAX(),将函数定义于jQuery的命名空间中。

为jQuery类添加类方法,可以理解为添加静态方法。例如:

```
$.extend({
    add:function(a,b){return a+b;}
});
```

便为jQuery类添加一个名为add的"静态方法",之后便可以在引入jQuery的地方使用这个方法了:

```
$.add(3,4);                //return 7
```

jQuery.extend()方法除了可以扩展jQuery对象外,还可以扩展已有的object对象,经常被用于设置插件方法的一系列默认参数,可以很方便地用传入的参数来覆盖默认值。例如:

jQuery.extend(object1,object2)　　　　　/*object1 为默认参数值,object2 为传入的参数值*/

下面例子新增两个函数,用于去除字符串左侧和右侧的空格。

首先构建一个 object 对象,把函数名和函数都放进去,其中的名/值对分别为函数名和函数主体,然后利用 jQuery.extend()方法直接对 jQuery 对象进行扩展。

jQuery 代码如下：

```
<span style="font-size:12px;">;(function($){
    $.extend({
        ltrim:function(text){
            return (text||"").replace(/^\s+/g,"");
        },
        rtrim:function(text){
            return (text||"").replace(/\s+$/g,"");
        }
    });
})(jQuery);
```

或

```
<span style="font-size:12px;">;(function($){
    $.ltrim=function(text){
        return (text||"").replace(/^\s+/g,"");
    },
    $.rtrim=function(text){
        return (text||"").replace(/\s+$/g,"");
    }

})(jQuery);</span>
```

*(text||"")部分是用于防止传递进来的 text 这个字符串变量处于未定义的特殊状态,如果 text 是 undeined,则返回字符串"",否则返回字符串 text。这样处理是为了保证接下来的字符串替换方法 replace()不会出错,*运用了正则表达式替换首末的空格。

现在调用函数：

```
<span style="font-size:12px;">$("trimTest").val(
    jQuery.trim(" test ")+"\n"+
    jQuery.ltrim(" test ")+"\n"+
    jQuery.rtrim(" test ")
);</span>
```

运行代码后,文本框中第一行字符串左右两侧的空格都被删除,第二行的字符串只有左侧的空格被删除,第三行的字符串只有右侧的空格被删除。

课后练习

1. 上网搜索 jQuery 拖曳排序布局插件的方法并进行应用。
2. 上网搜索 jQuery 左右箭头控制文字列表切换特效的方法并进行应用。

参 考 文 献

[1] 张孝祥.Java就业培训教程[M].北京:清华大学出版社,2008.
[2] 温谦.HTML+CSS网页设计与布局从入门到精通[M].北京:人民邮电出版社,2008.
[3] 辛立伟.Java从初学到精通[M].北京:电子工业出版社,2010.
[4] Jeremy Keith,Jeffrey Sambells. JavaScript DOM 编程艺术[M].杨涛,译. 2版.北京:人民邮电出版社,2011.
[5] 单东林,张晓菲.锋利的jQuery[M]. 2版.北京:人民邮电出版社,2012.
[6] 关忠.Java程序设计案例教程[M].北京:电子工业出版社,2013.
[7] 张白一.面向对象程序设计——Java[M].西安:西安电子科技大学出版社,2013.
[8] 张晓景.网页色彩搭配设计师必备宝典[M].北京:清华大学出版社,2014.
[9] 胡秀娥.完全掌握网页设计和网站制作实用手册[M].北京:机械工业出版社,2014.
[10] 蔡永华.网站建设与网页设计制作[M].北京:清华大学出版社,2014.
[11] 张蓉.网页制作与网站建设宝典[M].北京:电子工业出版社,2014.
[12] 朱伟华.ASP.NET程序设计案例教程[M].北京:清华大学出版社,2014.
[13] 蒋金楠.ASP.NET MVC 5 框架揭秘[M].北京:电子工业出版社,2014.
[14] 刘玉红.网站开发案例课堂:HTML5+CSS3+JavaScript网页设计案例课堂[M].北京:清华大学出版社,2015.
[15] 范生万,王敏.电子商务网站建设与管理[M].上海:华东师范大学出版社,2015.
[16] 明日科技.JavaScript从入门到精通[M].北京:清华大学出版社,2015.
[17] 刘西杰,张婷.HTML CSS JavaScript 网页制作从入门到精通[M]. 3版.北京:人民邮电出版社,2016.
[18] David McFarland. CSS实战手册[M]. 4版.安道,译.北京:中国电力出版社,2016.

参 考 网 站

[1] ASP.NET官网:http://www.asp.net/
[2] 设计网站大全:http://www.vipsheji.cn/
[3] CSDN ASP.NET 论坛:http://bbs.csdn.net/forums/ASPDotNET/
[4] ASP.NET源代码:http://down.admin5.com/net/
[5] 懒人图库:http://www.lanrentuku.com/
[6] 百度、百度文库、搜狐、谷歌等网站
[7] 天极网:http://design.yesky.com/
[8] 中国教程网:http://bbs.jcwcn.com/
[9] 21互联远程教育网:http://dx.21hulian.com/
[10] 素材精品屋:http://www.sucaiw.com/